Chef's Handmade Bakery

主厨手感烘焙

杜佳颖　吴克己◎著

海峡出版发行集团 | 福建科学技术出版社
THE STRAITS PUBLISHING & DISTRIBUTING GROUP | FUJIAN SCIENCE & TECHNOLOGY PUBLISHING HOUSE

自序

杜佳颖

我们经过一年收集最新热卖的团购甜点、最畅销的名店面包、各大厨艺教室最热门的烘焙课程，整理出一共60道可创造上亿元（新台币）商机的食谱、最详尽易学的制作秘方，呈现于这本书中！

这本书有很多制作步骤的分解图、不败的关键提醒，让初学者只要用家里的厨具设备，多做多练习，就能轻松完成超人气甜点、面包！本书还网罗上一辑很多读者实作遇到的疑难问题，由我与克己老师发挥多年的教学经验，一一破解，包括让饼干如何更酥脆好吃、派塔如何烤得更香脆、面团如何发酵、炉温的掌控等等。书中这些烘焙专业课程才会传授的秘诀、配方，可以让读者不花学费，就学到做法更精确的食谱。

本书包括各大烘焙名店、团购网站最受欢迎的饼干类、派塔类、蛋糕类、吐司面团、布里欧面团、佛卡夏面团及法国面团等，呈现更丰富多元的美味。

其中有经典的蜂蜜蛋糕、超人气生巧克力塔、生乳卷、法式奶油吐司、长棍面包、明太子玉子烧等，还结合创意与养生新潮流，把新鲜的柠檬、草莓、覆盆子、玉米、洋葱、葡萄干、无花果、鲜菇、核桃、红豆、夏威夷豆，与天然的起司、香草、红茶、蜂蜜、抹茶完美结合！

让读者不怕食安风暴，自己严选食材，在家就能做出三餐、下午茶、野餐露营出游、办派对必备的甜、咸、软脆点心，面包，三明治。

连节庆糕点、伴手礼也可以自己制作，如生日蛋糕、圣诞姜饼干、珍珠糖泡芙、马卡龙、培根鲜菇咸派、杯子蛋糕等，只花不到市价三分之一的成本，就能吃到省钱又安心的美味！

a c e ——

吴克己

我与佳颖老师以“在家简单轻松做”为出发点，希望可以有一本书，收集好的面包与甜点的食谱。

这是我出版的第二本书，与上一本书相隔了一年半，这段期间认识了许多读者，他们都写信来说相当感谢教给他们这样浅显易懂的食谱，变化性大且具有商业价值。“乐于分享”本来就是我教学上很重要的信念，每一位读者的讯息，每一位读者的作品，我们都一一回复，一一欣赏，这些回馈真的是我们出版新书很大的乐趣。

记得香港有一位读者在脸书上看到我在香港旅游，便在饭店大厅等待，期待可以与我碰上一面，然后亲手拿着我的书，希望签名与跟我分享她做我的食谱之心得。言谈之间，我完全感受到她做出好面包的喜悦，她不断跟我道谢，叙聊间不断地手舞足蹈。这件事情深深感动我，也让我立志要做出更好的面包食谱分享给大家。

读者很多都是有家庭的妇女，其中70%都是职业妇女，在忙碌的工作之外，她们还拨出时间为家人做安心安全的面包，时间往往都在接近半夜或者一大早。看见她们在脸书上@我并写道“新鲜出炉”，我也不忘一一回复，给予适当的赞美。她们对于安心烘焙这样地坚持投入，我很感动。

因为手上的技术，因为一本食谱书，认识了很多职场以外的朋友，也结交了许多台湾岛内外喜欢烘焙的读者，我相当珍惜这样的缘分，也会继续努力下去，开发出更好的面包食谱。

感谢出书期间协助我拍摄的厂商，也感谢许多用心的读者无限的包容与打气，最后感谢最支持我的学姐杜佳颖老师一路上给我的协助与鼓励。希望这本书，你们会喜欢！

C o n

目录

e n t s -

烘焙使用工具

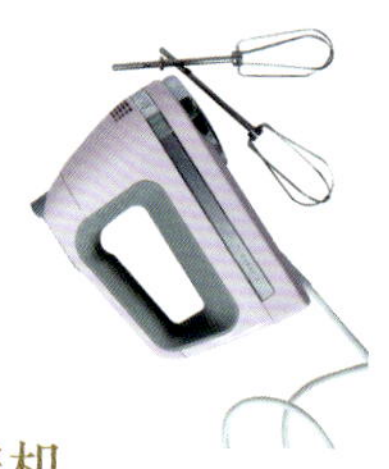

电动搅拌机

制作烘焙食品的基本配备。使用电动搅拌机可以快速打发蛋白或是高速搅拌面粉等，速度较快，且省时又省力。

筛网

用于过筛面粉，避免面粉结块使面糊搅拌不均匀，也可以用来过筛蛋汁或杂质，会使口感更细致。

擀面棍

可以擀压面皮使面皮平整，多用于中西点与面包的制作，作为卷蛋糕的工具也很适合。

出炉架

用于放置烤好的饼干、蛋糕或面包，使之自然冷却后方便保存。

挤花嘴

用于挤花、灌馅或造型用，各种点心都适用。

烘焙纸

用来衬垫于烤盘上，避免食物与烤盘直接接触的纸垫，或是可以垫在模具中，烘焙完成后方便脱模。

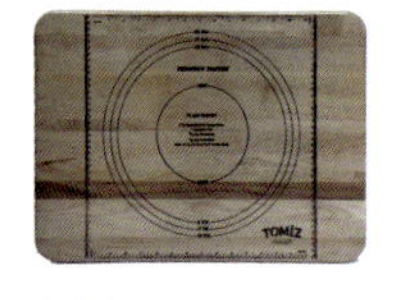

双面揉面粉板

角位采用了磨圆处理，背面的外围凹槽设计，让手粉不易散落至桌面上，于揉面团的过程中保持整洁。

饼干模

方便烘焙新手将饼干成型，市面上常见的有菊花形状、圆形、心形和动物形状等。

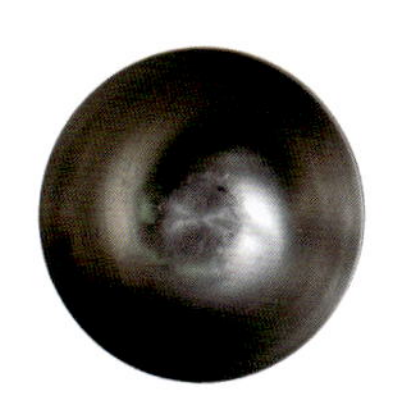

钢盆

具有圆弧形底部的器具，因无死角，可以使搅拌动作顺畅并且搅拌均匀。

锯尺刀

专门切西点与蛋糕的刀具，使用时以前后拉锯的方式切开产品，可以使产品切面平整。

蛋糕烤模

做蛋糕的模型，有圆形模与长条模，又分为活动模与固定模。圆形固定模适合烤奶酪蛋糕或海绵蛋糕；长条活动模与固定模适合烤磅蛋糕。

橡皮刮刀

橡皮刮刀可以在取出馅料或是液态原料时作辅助，确保操作过程不浪费食材。

不锈钢抹刀

若要将馅料铺平在产品上，通常会使用到不锈钢抹刀，例如涂抹奶油馅于鲜奶油蛋糕或瑞士卷上，使用方便，对于成品外观有加分的效果。

打蛋器

需要搅拌的材料如果比较多，可以选择球体比较大的打蛋器，较之小的打蛋器省力。

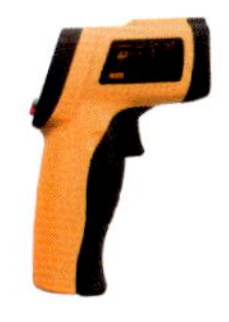

温度计

制作面包的过程中，温度是很重要的因素，尤其是面团的温度。一开始水的温度计算与搅拌时的温度控制，也会影响面包的口感，所以 温度计绝对是必备的工具。

计时器

烘烤时除了要注意火候，也要留意烘烤的时间，它绝对是甜点与面包美味的关键。

脆皮布里欧 15 连模（SN1624）

让布里欧在烘烤过程中保持完整的形状。

青酱熏鸡烤模 （SN3584）

让青酱熏鸡在烘烤过程中，维持一定的大小与形状。

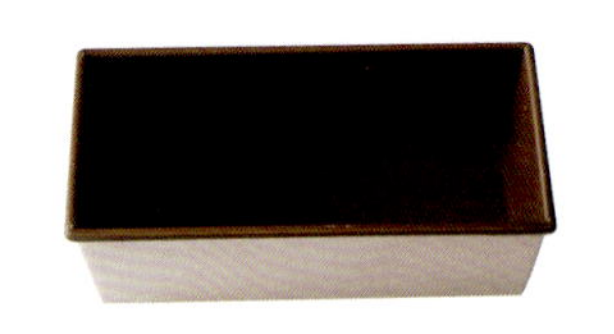

伯爵红茶小吐司烤模（SN2082）

使小吐司烘烤时保持完整。

收纳小汤匙

收纳小汤匙上面有刻度，方便材料的计量，也便于收纳。

卡士达小吐司烤模（SN2122）

使卡士达小吐司烘烤时保持完整。

1200 克吐司烤模（SN2004）

使吐司烘烤时保持完整。

皇冠蛋糕模

健康不沾表面处理，易洗，易脱模，采用高导热合金铸造成型，特殊设计造型。

烘焙使用食材

砂糖

砂糖除了增加成品的甜蜜风味外，还有改变口感、增加保湿性与焦化作用，添加砂糖还能增加面团的延展性。

水

水在烘焙中最重要的作用是溶解面粉、酵母、盐等可溶解性材料，还可以降低面团的 pH 值，增加酸度使酵母的发酵作用更活跃。

盐

盐在甜点与面包的制作过程中扮演不可或缺的角色。在甜点中加一些盐，可以衬托甜点的甜味，使口味更丰富；在制作面包过程中加盐，可以强化面团筋性，增加延展性。

鸡蛋

在制作过程中加蛋，可以增加成品的营养价值，烘烤过后也可以有天然的金黄色泽；由全蛋分离出蛋白使用，打发后可以使做出来的蛋糕蓬松并且组织绵密。

糖粉

糖粉顾名思义就是如同粉一样的糖，质地细小故易与面粉结合，有时可以替代砂糖。在蛋糕和面包制作完成后，可以在成品上撒上一层薄薄的糖粉防潮。

鲜奶

在制作过程中加入鲜奶，可以增加成品的香气。

无盐黄油

烘焙时通常建议使用无盐黄油，因为如果黄油中含有盐分，制作出的成品会比较咸，而使用无盐黄油就可以自己控制盐分的用量。如果买不到无盐黄油，也可以使用含盐黄油制作，盐的量酌情减少即可。

小苏打粉

小苏打粉的膨胀力较泡打粉弱，能使饼干产生酥脆的口感；而且也可以改变食物的酸碱性，在偏酸性的蛋糕中加一点小苏打粉，可以中和口感。

低糖干酵母

低糖干酵母指的是不含糖或是含糖量在 8% 以下的酵母，保存期限在两年左右，建议放在 30℃以下保存。使用干酵母所需的发酵时间较长，但是发酵效果较鲜酵母来得好。

鲜酵母

鲜酵母保存期限比较短，大约为三星期，而且含水量较高，建议放在冰箱冷藏保存。使用鲜酵母所需的发酵时间较短，但是发酵效果没有干性酵母来得好。

* 编者注：如果将鲜酵母换成即发干酵母，酵母用量缩减为前者的 1/3 ～ 2/5。

嘉禾牌白菊花面粉

完全无人工添加物的低筋粉心面粉，面粉精致绵细，品质优，成品组织细腻，口感柔软绵密。蛋白质：8.0% 以下；灰分：0.50% 以下。

用途：精致蛋糕、高级饼干、高级西点、和菓子。

嘉禾牌黄侨面粉

面粉筋度饱满，质量稳定性高；烘焙膨发性优，麦香风味特浓。吸水性、弹性及延展性较高，适用于面包类的制作。是许多面包店、专业烘焙坊的师傅喜爱使用的面粉。且操作性佳，适合制作多元变化的面包。

蛋白质：12.5% ～ 13.5%；

灰分：0.55% 以下。

用途：高级面包、精致吐司、餐包。

烘焙常用术语

分割

将基本发酵好的面团，分成适当大小。

滚圆

将分割好的面团用手拍揉至表面成光滑状。

整型

面团经过中间发酵后，将其整成希望的样式。

打发

将材料以快速搅打方式使空气进入，让成品有蓬松的口感。打发后的材料体积会变大、颜色也变淡。

隔水加热

有些材料必须先融化才能和其他材料混合，而需要加热的材料如果熔点较低，就必须放在容器中隔着水用火加热，例如巧克力或奶油等。

过筛

利用网筛将材料过筛后能混入空气，使材料不结块并去除异物，让材料较容易搅拌融合。

基本发酵

基本发酵只要发得好，烘烤面包几乎不会有问题。基本发酵主要是让面筋松弛，能够有延展性，并且充满空气，而湿度及温度都会影响发酵，建议将温度控制在26～28℃，湿度维持在75%，这样的环境利于酵母滋长，并且也可以预防其他细菌滋生。发酵的时间因酵母的用量和不同方法而有所差异，基本发酵是否完成，可以视面团外观来判断，发酵完成后，面团体积会膨胀为原来的2～3倍，而且将手戳入面团中，洞洞也不会消失。

中间发酵

中间发酵是在面团分割成小块并滚圆后进行的，它可以使面团表面光滑，并且内部组织更细致。中间发酵通常时间较短，只要让面团松弛即可。

烘焙百分比

烘焙百分比是以面粉为 100% 基准的配方计算（因为面包配方中面粉的量最多），可以判断出其他材料的比重。烘焙百分比可以让我们在采购材料的时候，可以计算出要准备多少量，制作出的成品也会更稳定，材料也不会有太多耗损。

后糖法

大量的砂糖，在搅拌的过程中会影响筋性的形成，会使得搅拌的时间变长（意味着搅拌温度较容易升高）。面对这样的配方，可使用后糖法，待面筋形成后，再加入砂糖（加奶油之前即可）！

最后发酵

最后发酵是让面团在整型过后重新发酵，让面团短时间内充满空气而膨胀。如果略过此步骤，烘焙出来的面包可能会又小又硬。通常，最后发酵时间过长，烤出来的面包会有酸味；而时间过短，面包会缩小。所以一定要注意发酵时间。

拾起阶段

将干性和湿性材料混合的阶段，此时的面团粗糙且质地硬，不具弹性及伸展性。

卷起阶段

材料中的水分完全被面粉吸收，面团中的面筋开始形成的阶段。此时的面团仍会黏手而且缺少弹性，用手拉取时会断裂。

完成阶段

此时面团表面干燥且有光泽，面团拉开形成薄膜。

烘焙基础知识

问：面团中间发酵的用意是什么呢？

答：中间发酵的目的是使面团产生新的气体，恢复面团的柔软与延展性。

问：为什么烤箱要选有分上下火的较好？

答：因为食物在烤箱中烘烤，需要来自上下方的火力。烤较厚的食物，下火必须比上火强；烤较薄的食物，上火必须比下火强。

如果选择没有上下火独立控制的烤箱，建议将温度设成上下火的平均温度，例如食谱中写到“上火 160℃、下火 200℃”，可以将烤箱设成 180℃。

问：为什么粉类一定要先过筛？

答：面粉过筛的目的是让面粉不结块，能够和其他材料混合得更均匀。另外最主要的功用就是让空气进入面粉中，让烤出来的蛋糕蓬松细致，比较好吃喔！

问：为什么面粉有高、中、低三种，各适合什么用途呢？

答：高筋面粉适合做面包、面条或比萨（pizza）等韧性比较高的食品；中筋面粉筋度不强，适合做馒头、包子等中式点心；低筋面粉适合制作蛋糕。

问：为什么甜点也要加盐？

答：如果甜点中只有全然的甜味，吃多了容易腻口，在制作过程中加一些盐，可以让甜点层次突出，一点点盐就可以让甜的味道更明显，风味更独特。

问：烘焙食谱中的重量与体积可以直接等比换算吗？

答：所有的物质中，只有水的克数等于立方厘米数等于毫升数，所以只有水的重量与体积可以直接换算，其他物质皆不行。

问：搅拌时间中有“L”“M”“H”以及数字，分别是指什么？“↓”指什么？

答：L——低速搅拌，M——中速搅拌，H——高速搅拌，数字表示时间，例如 M3 表示以中速搅拌 3 分钟。↓——加入黄油。

问：搅拌至完成阶段是指什么？

答：当面团不断搅拌后，面团会呈现很坚韧的薄膜，表面光滑。如果在面团进入完成阶段后还继续搅拌，面筋可能就会断裂，失去弹性，所以一定要注意食谱中列的搅拌时间。

问：面团自我分解指的是什么？

答：面团自我分解指的是面粉和水充分融合，让淀粉中的蛋白质吸饱水分，这样做出的面包口感更湿润。

问：如何使用烘焙百分比计算材料用量？

答：假设今天要制作 450g 的带盖白吐司 4 条，需要的面团重量为以下计算方式：

450g×4（条）＝ 1800g

1800g（面团总重）÷192.8（烘焙百分比系数总和）＝ 9.336——这是基数。

因为搅拌面团时会有一些损耗，例如粘在手上或搅拌缸上残留的面团，所以计算时基数要多算一些，例如：

9.336 ＋ 0.2 ＝ 9.536 ≈ 9.5

算出来面团的总和约 1831g，足以做出 4 条 450g 的白吐司。

	材料实际重量（g）		白吐司配方比例	
	高筋面粉	100×9.5 ＝ 950	1. 高筋面粉	100%
	盐	2×9.5 ＝ 19	2. 盐	2%
	糖	10×9.5 ＝ 95	3. 糖	10%
	干燥酵母	0.8×9.5 ＝ 7.6	4. 干燥酵母（低糖）	0.8%
	水	60×9.5 ＝ 570	5. 水	60%
	鲜奶	12×9.5 ＝ 114	6. 鲜奶	12%
	黄油	8×9.5 ＝ 76	7 黄油	8%
总和		192.8×9.5 ＝ 1831.6		192.8%

问：用什么面粉做面包最好？

答：虽然低筋、中筋和高筋面粉都可以制作面包，但最常用于制作面包的面粉还是高筋面粉，可以见以下比较表格。

	高筋面粉	中筋面粉	低筋面粉
面包体积	蛋白质量多，支撑力足够，能够撑起面包体积	蛋白质量较高筋面粉少，对气体保存性较差，故面包体积较小	蛋白质量少，无法支撑面团重量，制作出的面包体积会小且软
面包口感	咀嚼时不黏牙，口感很好	咀嚼时无弹性，且口感粗糙	咀嚼时无弹性，且无面包香会黏牙
面包组织	面包柔软细致，且有弹性	面包颗粒较多，但质地柔软	面包颗粒粗糙，质地不柔软

问：如何判断基本发酵完成了呢？

答：将手指沾面粉，戳入面团中，如果手指不粘连面团，且孔洞无密合就是基本发酵完成了。

问：要如何选购适合自己的烤箱？

答：建议挑选可以调整温度与时间的烤箱，在经济能力许可范围内可以挑选容量较大以及可以调整上下火的烤箱，这样一次烘焙的数量较多，而且烘焙的成功率也比较高。

问：如何分辨蛋白打发程度？

答：在打蛋前一定要确保容器与器具是无油、无水的，也要注意将蛋白与蛋黄分离干净，否则蛋黄中的油脂也会让蛋白无法打发。

第一阶段	粗泡	蛋白透明会流动，气泡呈现粗大
第二阶段	湿性发泡	蛋白颜色混浊，气泡细致且有光泽，蛋白在打蛋器前端呈现弯曲状
第三阶段	硬性发泡	气泡非常细小且呈现乳白色，蛋白在打蛋器前端呈现尖挺的柱状
第四阶段	干性发泡	泡沫呈现干硬状，且颜色非常白，不适合烘焙

问：为什么很多烘焙产品中都有加蛋？用意是什么？

答：**发泡性**：蛋白具有良好的发泡性，在面团中加入发泡的蛋白可以使面团膨胀，而在烘烤过后将会使产品出现孔洞，达到松软的效果。

乳化性：因为蛋黄中含有卵磷脂，具有乳化性，能让水和油充分混合，缩短揉面团的时间。

营养价值及增加风味：蛋含有丰富的蛋白质、脂肪及多种维生素，还可以使成品有浓郁的蛋香味。

上光作用：将蛋液刷在表面，烘烤后可以使成品表面呈现金黄色，看起来更为可口诱人。

问：方形吐司的完美烤色是什么？

答：方形吐司三面同色是最完美的烤色。

问：面包入烤箱时于烤盘上的摆法？

答：每颗面团烘烤时，都需要适当的空间才能受热均匀，以下是不同数量面团建议的摆放方式。

- 第1章 -

饼干

01

圣诞姜饼干

材料 Ingredients

材料	%	重量(g)
姜饼		
黄油	18	100
红糖(过筛后重)	45	250
枫糖	18	100
牛奶	22	120
小苏打	0.5	3
姜粉	1.8	10
肉桂粉	0.7	4
豆蔻粉	0.7	4
低筋面粉	100	550
全麦面粉	18	100

材料	%	重量(g)
蛋白糖霜装饰		
蛋白粉	6.3	30
纯糖粉	100	480
饮用水	12.5	60
绿、红、黄、紫色素		适量

成品份量　50 片
制作时间　3 小时

制作流程 Procedures

〈**姜饼**〉
1. 黄油加过筛红糖、枫糖拌匀。
2. 加入牛奶、小苏打粉拌匀。
3. 加入筛过的姜粉、肉桂粉、豆蔻粉、低筋面粉、全麦面粉，拌匀后呈现一团状。
4. 擀平，厚约 0.5 厘米，以喜欢的模具压出形状。
5. 用叉子在面团上叉出气孔。
6. 以上火 170℃／下火 170℃烤 15 ～ 20 分钟出炉，放置冷却。

〈**蛋白霜**〉
7. 将蛋白粉、纯糖粉过筛后混合，加入饮用水。
8. 快速打发 8 分钟。
9. 加入色素，拌匀备用。

〈**组合**〉
10. 将蛋白霜填入挤花袋中，挤满已冷却的姜饼表面。
11. 风干一晚后，可再画上喜欢的图案，或以彩糖、彩豆等装饰。

1
1
2
2
3
3
3
3
3
3
4
4
4
5
6
7
7
7
7
8
8
9
9
9
10
10
10
11
11

圣诞姜饼干

姜饼从 15 世纪开始出现，之后慢慢演变为圣诞节的代表性饼干，有多种造型可变化，现在就可以尝试自己做做看！

主厨小叮咛

用蛋白霜在姜饼上进行大面积涂色时，可以先用较稠的蛋白霜描出外框，再用加水调稀的蛋白霜将图案内部填满。

02

焦糖杏仁饼

浓郁的焦糖伴随着杏仁香气，一口咬下的酥脆口感，让人想一个接着一个往嘴里送，就是要小心热量啊！

主厨小叮咛

1. 加入蛋白，可以让饼皮更酥脆喔！
2. 填内馅时不要填到全满，以免糖融化后溢出。

焦糖杏仁饼

材料 Ingredients

材料	%	重量（g）
饼皮面团		
黄油	74	200
糖粉	83	226
蛋白	37	100
低筋面粉	100	266
杏仁粉	9	26

材料	%	重量（g）
内馅		
黄油	95	67
杏仁角	100	70
二号砂糖	52	37
糖粉	52	37
葡萄糖浆	100	70
动物性淡奶油	38	27

成品份量　50 片

制作时间　3 小时

制作流程 Procedures

〈**内馅**〉

1. 将黄油、二号砂糖、糖粉、葡萄糖浆、动物性淡奶油放入锅中，煮到砂糖融化。
2. 加入杏仁角拌匀，放凉后入冰箱冷藏 2 小时备用。

〈**饼皮面团**〉

3. 将黄油和过筛糖粉拌匀，分 2 ～ 3 次加入蛋白再拌匀。
4. 加入过筛的低筋面粉、杏仁粉，拌匀。
5. 将面糊填入挤花袋，用星形花嘴在烘焙纸上挤出一个圈（本范例直径约 6 厘米），中间填入内馅。
6. 以上火 170℃／下火 170℃烤 15 ～ 20 分钟。

03

酒渍无花果双色马卡龙

材料 Ingredients

材料	%	重量（g）
马卡龙饼皮		
马卡龙专用杏仁粉	100	300
马卡龙专用纯糖粉	106	330
蛋白	33	100
红色色粉、黄色色粉		适量
意式蛋白霜		
蛋白	37	110
塔塔粉	0.3	1
细砂糖	100	300
水	23	70

材料	%	重量（g）
无花果核桃馅		
压碎核桃	17	25
无盐黄油	100	150
泡酒无花果干	20	30
细砂糖	17	25
水	7	10
蛋黄	12	18

成品份量　依尺寸大小不同，约可做 30 颗

制作时间　2 小时

制作流程 Procedures

〈奶油与无花果核桃馅〉

1. 细砂糖、水入锅，煮到 115℃。
2. 蛋黄打匀，边打边冲入做法 1 中。
3. 再加入黄油一起打。
4. 另将泡酒无花果干和核桃切碎备用。

〈马卡龙〉

● 意式蛋白霜

5. 细砂糖加水煮到 117 ～ 121℃。注意煮的时候千万不要翻搅。
6. 蛋白加塔塔粉，使用搅拌器打到起粗泡泡。
7. 将转速转为快速后，将做法 5 的糖液冲入搅拌器中，打到蛋白发，降温到 40 ～ 50℃，即完成备用。

● 马卡龙饼皮

8. 马卡龙专用杏仁粉、马卡龙专用纯糖粉过筛，加入蛋白拌匀。
9. 将做法 8 平均分成两份，分别加入红色与黄色色粉拌匀。
10. 分别拌入意式蛋白霜，拌到面糊呈现光滑状。
11. 将红色与黄色的面糊，分别填入小的挤花袋，再将两个挤花袋一起放入大的挤花袋中（使用平口花嘴），挤出直径约 2.5 厘米的双色圆面糊。
12. 将挤好的面糊静置风干 20 ～ 30 分钟，直到表面干燥不黏手。
13. 先以上火 160℃／下火 160℃预热烤箱，面糊放入烤箱后，再以上火 130℃／下火 130℃烤约 20 分钟即可。
14. 冷却后即可取下饼皮。

〈组合〉

15. 在饼皮上挤上奶油内馅，夹入碎无花果与碎核桃。
16. 再挤上一些奶油内馅，与另一片饼皮拼合，即完成。

酒渍无花果双色马卡龙

有别于市面上常见的基本款马卡龙，饼皮上双重色彩的混合，包裹着酸甜的无花果内馅，是令人惊艳的高级甜品。

主厨小叮咛

1. 马卡龙使用的蛋白，最好用老蛋白（冰过的蛋白），因为水分较少，可减少风干时间。
2. 马卡龙讲求细致，杏仁粉与纯糖粉建议过筛 2 次，筛网的网目也要细。杏仁粉的细致与否，决定马卡龙表面的细致程度。
3. 若要马卡龙的表面更漂亮，可以在烤后的饼皮上刷食用金粉。

04

葡萄干玉米脆饼

松软的葡萄干结合香酥的玉米脆片，每一口都扎实得让人满足，是简单却人气不败的饼干入门款。

葡萄干玉米脆饼

材料 Ingredients

材料	%	重量（g）
黄油	63	200
细砂糖	43	136
全蛋	31	100
泡打粉	0.6	2
低筋面粉	100	320
葡萄干	28	90
玉米脆片	38	120
椰子丝	9	30

成品份量　30 片
制作时间　30 分钟

制作流程 Procedures

1. 黄油加细砂糖打发。
2. 分 2 ～ 3 次加入全蛋拌匀。
3. 拌入过筛的低筋面粉、泡打粉拌匀。
4. 最后拌入葡萄干、玉米脆片、椰子丝拌匀。
5. 分成每个 30g 重，逐一排在烤盘上，稍微压扁。
6. 以上火 180℃／下火 150℃烤 10 分钟，将烤盘前后转向，再以上火 150℃／下火 150℃烤 10 分钟即可。

主厨小叮咛

1. 烘烤时先采用上火 180℃／下火 150℃是为了让饼干内部烤熟，之后转成上火 150℃／下火 150℃，则是怕饼干在高温下烤出的颜色太深，不好看。中间将烤盘转向，也是为了让所有的饼干烤出均匀的色泽。
2. 椰子丝的香气、口感，都比椰子粉好喔！
3. 葡萄干不需放入冰箱保存，果干会干硬。

1
2
3
3
3
4
4
5
SI-130
5
5
6

05 岩石巧克力饼干

材料 Ingredients

材料	%	重量 (g)
黄油	85	170
糖粉	30	60
杏仁粉	40	80
低筋面粉	100	200
可可粉	10	20
小苏打粉		1/4 匙
烤熟核桃	20	40
肉桂粉	1	2

材料	重量 (g)
表面	
蛋白	适量
糖粉	适量

成品份量 55 个

制作时间 30 分钟

制作流程 Procedures

1. 黄油和过筛糖粉拌匀。
2. 低筋面粉、可可粉、肉桂粉、小苏打粉过筛后，加入做法 1 中拌匀。
3. 拌入杏仁粉。
4. 加入烤熟核桃拌匀。
5. 分成每个 10g 重，搓圆球状。
6. 刷上蛋白，沾上糖粉。
7. 以上火 180℃／下火 100℃烤 25 分钟。

1
2
2
3
4
4
5
5
6
6
6
7

岩石巧克力饼干

酥脆扎实的口感一如它的岩石外形，每一口都充满浓浓的巧克力香，是巧克力控的饼干首选。

06

玻璃饼干

借由糖果变化成七彩的透明薄膜，仿佛彩绘玻璃一般，让人目不暇接，带来视觉与味觉的双重享受。

玻璃饼干

材料 Ingredients

材料	%	重量（g）
饼皮		
黄油	60	120
糖粉	26	52
海藻糖	10	20
盐	0.2	0.4
低筋面粉	100	200
杏仁粉	15	30
泡打粉	0.5	1
全蛋	18	36

材料	重量（g）
内馅	
硬糖果	数颗

成品份量　20 片
制作时间　1 小时

主厨小叮咛

1. 烤到糖果融化即可，烤太久会变焦糖。
2. 饼干下一定要垫烘焙纸或烘焙布，否则糖果融化后会粘住烤盘。

☞ 制作流程 *Procedures*

1. 将糖粉和海藻糖过筛，与黄油、盐拌匀。
2. 分 2 ～ 3 次加入全蛋拌匀。
3. 加入过筛的低筋面粉、泡打粉及杏仁粉拌匀。
4. 将面团压扁成饼状，用保鲜膜包好，放入冰箱中冷藏 30 分钟左右，使面团呈冰硬状才好成形。
5. 将面团擀成 0.5 厘米厚，下面垫烘焙纸，用模具压出喜欢的形状。
6. 中心再用圆形的模具开一个空心洞。
7. 以上火 180℃／下火 150℃烤 15 分钟。
8. 中心放入糖果再烤 10 分钟即可，融化的硬糖会形成玻璃般的透明圆片。

第2章

派塔

01

培根鲜菇咸派

下午三点一刻，来个培根鲜菇咸派，配上一杯咖啡，正可满足工作中稍感饥饿的腹部。

主厨小叮咛

1. 蛋液一定要过筛，口感才会细致。
2. 培根也可以用火腿或燻鸡肉代替，变化更丰富。

培根鲜菇咸派

材料 Ingredients

材料	%	重量（g）
咸塔皮		
低筋面粉	100	250
黄油	60	150
冰水	24	60
盐	1.2	3
黑胡椒粒	0.8	2
蛋黄	8	20

材料	重量（g）
内馅	
培根	2片
洋葱	1/4个
综合鲜菇	150
大蒜	2颗
全蛋	2颗
动物性淡奶油	150
盐	1.5
粗黑胡椒粉	2
芝士粉	5
奶酪丝	50
西兰花	30

使用器具　6英寸（15厘米）塔模

成品份量　2个

制作时间　1.5小时

制作流程 Procedures

〈咸塔皮〉

1. 黄油和低筋面粉混合后搓一搓，再加入盐、黑胡椒粒揉匀，以手搓成小块粒状。
2. 将冰水与蛋黄加入做法1粉团中拌匀，装入塑料袋中压扁冷藏30分钟。
3. 取出面团压平，厚约0.3厘米，铺入烤模中（一份派的面团约150g）。

〈内馅〉

4. 洋葱、大蒜下锅炒香，放入切成小块的培根，再放入综合鲜菇、汆烫过的西兰花，翻炒后备用。
5. 另外将全蛋、动物性淡奶油、盐拌匀，过筛备用。

〈组合〉

6. 派皮内放入步骤4成品，再淋上步骤5成品。
7. 放上奶酪丝，撒上奶酪粉，粗黑胡椒粉。
8. 以上火200℃／下火200℃烤25～30分钟即可。

1
2
2
3
3
3
4
4
4
5
5
5
6
7
8

02

夏威夷豆塔

材料 *Ingredients*

材料	%	重量（g）
塔皮		
无盐发酵黄油	56	135
细砂糖	56	135
盐	0.8	2
全蛋	27	65
杏仁粉	47	112
低筋面粉	63	150
高筋面粉	37	90
柠檬皮		半颗
柠檬汁		半颗量
表面装饰		
白巧克力		适量
开心果碎		适量

材料	%	重量（g）
焦糖馅		
细砂糖	10	65
水	1.6	10
麦芽糖浆	10	65
动物性淡奶油	14	90
盐	0.3	2
黄油	1.6	10
夏威夷豆	100	630
蔓越莓果干	5	30

使用器具　10 厘米塔模

成品份量　4 模

制作时间　2 小时

制作流程 *Procedures*

〈**塔皮**〉

1. 将无盐发酵黄油加盐、细砂糖拌匀。
2. 分 2 ～ 3 次加入全蛋拌匀。
3. 加入过筛的低筋面粉、高筋面粉及杏仁粉、柠檬皮、柠檬汁拌匀。
4. 将面团压扁成饼状，用保鲜膜包好，放入冰箱中冷藏 30 分钟左右，使面团呈冰硬状才好成形。
5. 将面团擀成 0.3 厘米厚，铺入烤模中。
6. 剪一张圆形烘焙纸，尺寸比烤模大一些，铺在生塔皮上，再铺上重石（或用绿豆代替）。
7. 以上火 180℃／下火 150℃烤 15 ～ 20 分钟。出炉后冷却，除去重石与烘焙纸。

〈**焦糖馅**〉

8. 先将夏威夷豆以上火 130℃／下火 130℃烤熟，然后关火，让其在烤箱中保温。

9. 麦芽糖浆加上细砂糖、动物性淡奶油、水入锅，以小火拌匀加热到 115℃。

10. 再加入奶油、盐拌匀煮到 115℃。

11. 取一钢盆盛装夏威夷豆和蔓越莓果干，将做法 10 的成品倒入，干拌匀。

12. 将馅料趁热填进已出炉冷却的塔皮。

13. 以上火 150℃／下火 150℃烤 8 ～ 12 分钟即可。

〈**组合**〉

14. 冷却后挤上白巧克力线条，放入开心果碎即可。

夏威夷豆塔

夏威夷豆虽然以夏威夷命名，其实原产自澳大利亚，它超高的营养价值，让它有“千果之王”的封号，就着夏威夷豆塔一口把营养都吃进肚吧！

主厨小叮咛

重石，或称派重石、烘焙重石，铺在生派皮上，可以防止派皮在烘烤时膨胀变形。也可用绿豆、黄豆等豆类代替，烤过的豆子可重复利用，但不可拿来做食材。

03

柠檬塔

柠檬塔可说是各家法式甜点店的基本商品，淡淡的柠檬香气，咬在嘴里的酸甜滋味，宛如初恋般的幸福感。

柠檬塔

材料 Ingredients

材料	%	重量（g）
塔皮		
无盐发酵黄油	56	135
细砂糖	56	135
盐	0.8	2
全蛋	27	65
杏仁粉	47	112
低筋面粉	63	150
高筋面粉	37	90
柠檬皮屑		半颗
柠檬汁		半颗量
柠檬塔馅		
全蛋	100	180
细砂糖	67	120
柠檬汁	67	120
黄油	133	240
柠檬皮	6.7	12

材料	%	重量（g）
意大利蛋白霜		
蛋白	100	100
香草豆荚		1/4 条
柠檬汁	5	5
水	60	60
细砂糖	200	200

使用器具　7 厘米塔模
成品份量　8 个
制作时间　2 小时

制作流程 Procedures

〈**塔皮**〉

1. 将无盐发酵黄油加上盐、细砂糖拌匀。
2. 分 2 ～ 3 次加入全蛋拌匀。
3. 加入过筛的低筋面粉、高筋面粉及杏仁粉、柠檬皮屑、柠檬汁拌匀。
4. 将面团压扁成饼状，用保鲜膜包好，放入冰箱冷藏 30 分钟左右，使面团呈冰硬状才好成形。
5. 将面团擀成 0.3 厘米厚，铺入烤模中。
6. 剪一张圆形烘焙纸，尺寸比烤模大一些，铺在生塔皮上，再铺上重石（或用绿豆代替）。
7. 以上火 180℃／下火 180℃烤 15 ～ 20 分钟。出炉后冷却，除去重石与烘焙纸。

〈**柠檬塔馅**〉

8. 将所有材料拌匀，隔水加热到 80℃。

9. 过筛，去除柠檬皮等杂质，放入冰箱冷藏约 30 分钟。
10. 取出搅打均匀再填入烤好的塔皮之中（约 40g/ 份），冷却后再放入冰箱冷藏。

〈意大利蛋白霜〉

11. 水加上细砂糖入锅，煮到 115℃，待用。
12. 另起锅，倒入蛋白、柠檬汁，香草荚取籽投入，一起打到起泡。
13. 将做法 11 的糖液加入，继续打到干性发泡。
14. 填入挤花袋，挤在已冷硬的柠檬馅上面。
15. 用火枪把意大利蛋白霜烤一下上色。

04 生巧克力塔

材料 Ingredients

材料	%	重量（g）
塔皮		
无盐发酵黄油	56	135
细砂糖	56	135
盐	0.8	2
全蛋	27	65
杏仁粉	47	112
低筋面粉	63	150
高筋面粉	37	90
柠檬皮		半颗
柠檬汁		半颗量

材料	%	重量（g）
杏仁馅		
黄油	100	50
糖粉	100	50
杏仁粉	100	50
全蛋	100	50
巧克力馅料		
动物性淡奶油	154	100
葡萄糖浆	23	15
58% 苦甜巧克力	100	65

使用器具　7 厘米塔模
成品份量　7 个
制作时间　2 小时

制作流程 Procedures

〈**塔皮**〉

1. 将无盐发酵黄油加上盐、细砂糖拌匀。
2. 分 2 ～ 3 次加入全蛋拌匀。
3. 加入过筛的低筋面粉、高筋面粉及杏仁粉、柠檬皮、柠檬汁拌匀。
4. 将面团压扁成饼状，用保鲜膜包好，放入冰箱冷藏 30 分钟左右，使面团呈冰硬状才好成形。
5. 将面团擀成 0.3 厘米厚，铺入烤模中。

〈**杏仁馅**〉

6. 奶油放室温软化。
7. 依次加入糖粉、杏仁粉、全蛋拌匀备用。

〈**巧克力馅料**〉

8. 动物性淡奶油加上葡萄糖浆煮沸。
9. 冲入苦甜巧克力中拌匀备用。

〈**组合**〉

10. 在塔皮内放入杏仁馅。
11. 入烤箱以上火 180℃／下火 180℃烤 20 ～ 25 分钟。
12. 出炉冷却后淋上巧克力馅即完成。

1
1
1
2
3
3
3
4
5
5
5
6
7
8
8
9
9
10
11
12

生巧克力塔

酥脆的塔皮，承载着甜而不腻的香浓巧克力内馅，外形朴实，却能带来味蕾上的满足而多层次的感受。

05

草莓奶酪塔

每到草莓季，各式各样的草莓制品就开始攻陷市场，而草莓奶酪塔就是其中最受欢迎的经典商品，鲜红的草莓带来的视觉诱惑与口感的酸甜滋味，结合奶酪的绵密滑顺，就是它高人气的关键。

主厨小叮咛

1. 柠檬汁一定要新鲜现挤。
2. 本配方糖的占比偏重，上色会比较均匀，面糊打完后会水水的，利用柠檬汁及鲜奶可以使其凝结，因此柠檬一定要最后加，否则奶酪糊会凝固喔！

草莓奶酪塔

材料 Ingredients

材料	%	重量(g)
塔皮		
无盐发酵黄油	56	135
细砂糖	56	135
盐	0.8	2
全蛋	27	65
杏仁粉	47	112
低筋面粉	63	150
高筋面粉	37	90
柠檬皮		半颗
柠檬汁		半颗量
装饰		
草莓		适量
打发鲜奶油		适量

材料	%	重量(g)
奶酪馅		
黄油奶酪	100	32
细砂糖	675	216
低筋面粉	100	32
发酵黄油	222	71
鲜奶	353	113
柠檬汁	159	51
盐	3	1
全蛋	353	113

使用器具	8 英寸(20 厘米)塔模
成品份量	2 个
制作时间	2 小时

制作流程 Procedures

〈**塔皮**〉

1. 将无盐发酵黄油加上盐、细砂糖拌匀。
2. 分 2 ~ 3 次加入全蛋拌匀。
3. 加入过筛的低筋面粉、高筋面粉及杏仁粉、柠檬皮、柠檬汁拌匀。
4. 将面团压扁成饼状，用保鲜膜包好，放入冰箱冷藏 30 分钟左右，使面团呈冰硬状才好成形。
5. 将面团擀成 0.3 厘米厚，铺入烤模中。

〈**奶酪馅**〉

6. 奶酪室温软化，加上盐、过筛低筋面粉、细砂糖、全蛋、鲜奶拌匀。
7. 拌入融化的发酵黄油及柠檬汁，形成奶酪糊。
8. 将奶酪糊倒入塔皮中，以上火 200℃／下火 180℃烤 40 ~ 50 分钟。
9. 出炉放凉后，表面挤上打发鲜奶油，放上草莓装饰。

1
1
1
2
3
3
3
4
5
5
5
6
6
6
7
7
8
9

第3章

蛋糕

01

蜂蜜蛋糕

香醇浓郁的蜂蜜混合蛋香，一口咬下立刻感受到它的细致与绵密，是基本而又经典的蛋糕。

如何铺木框？

木框的受热性佳，可以让烤出来的蜂蜜蛋糕比较滋润。倒入面糊前，必须先将内框四边与底部铺上烘焙纸。

1. 依照内框四边的长度，剪出适当大小的烘焙纸，一边一張，如图 7 以 Z 字形铺在边框上。
2. 剪出一张与内框底面同大小的烘焙纸，如图 7 所示铺上，准备即完成。

蜂蜜蛋糕

材料 Ingredients

材料	%	重量（g）
全蛋	228	480
上白糖	157	330
低筋面粉	100	210
奶粉	14	30
米饴	34	72
纯蜂蜜	34	72
温热水	10	20

使用器具	27 厘米 ×19.5 厘米 ×7.5 厘米木框
成品份量	1 模
制作时间	1 小时

制作流程 Procedures

1. 将全蛋打散，加入上白糖，隔水持续边搅拌边加热到 43℃。
2. 用搅拌机将做法 1 快速打发，直到膨胀至 3 倍大。
3. 另将米饴加上纯蜂蜜、水隔水加热。
4. 搅拌机转慢速再将做法 3 慢慢加入做法 2 中。
5. 加入过筛 2 次的低筋面粉、奶粉，慢速拌匀。
6. 将做法 5 的面糊倒出，过筛。
7. 先将铺好烘焙纸的木框放在烤盘上，入烤箱略烤一会儿。再将面糊倒入，放入设置为上火 230℃／下火 180℃的烤箱。
8. 喷水切泡 3 次：烤 1 分钟后，打开烤箱进行第 1 次喷水切泡。再烤 1 分钟后，喷水切第 2 次泡。再烤 1 分钟后，喷水切第 3 次泡。所有动作在 8 分钟内完成。
9. 以上火 230℃／下火 180℃烤 10 分钟左右到焦糖色，在木框上方再叠一个木框，并加盖，以上火 200℃／下火 150℃闷烤 30 ～ 35 分钟，竹签插入不粘连即可出炉。
10. 倒扣蛋糕，除去木框。由上而下慢慢撕去烘焙纸。转正蛋糕，放凉即可。

〈切泡〉

1. 用喷雾器装水，喷洒于面糊表面（因为加热后表面会略为固化）。
2. 用刮刀等工具搅拌面糊，去除气泡。

主厨小叮咛

1. 若没有米饴，可用麦芽糖代替。
2. 蛋和上白糖隔水加热时须持续搅拌，以避免底部温度太热。
3. 面糊过筛去除杂质后，成品才会更加细致。
4. 切泡的动作，可以减少面糊内部的气泡，使完成的蛋糕口感更绵密。

02 猴子杯子蛋糕

材料 Ingredients

材料	%	重量（g）
巧克力杯子蛋糕		
细砂糖	96	110
全蛋	61	70
高筋面粉	100	115
无盐发酵黄油	96	110
苦甜巧克力	48	55
鲜奶	143	165
可可粉	1.7	2
小苏打粉	1.7	2
泡打粉	1.7	2
白兰地	1.7	2

材料	%	重量（g）
巧克力奶油霜		
无盐发酵黄油	100	150
糖粉	70	105
苦甜巧克力	17	25
装饰		
烤熟夏威夷豆		适量
市售小西饼		适量
草莓果酱		适量
苦甜巧克力		适量

成品份量 15 杯

制作时间 1 小时

制作流程 Procedures

〈**巧克力蛋糕**〉

1. 鲜奶加上无盐发酵黄油煮开，加入苦甜巧克力拌匀。
2. 另起锅将全蛋加入细砂糖拌匀，再将做法 1 慢慢冲入拌匀。
3. 加入过筛后的高筋面粉、泡打粉、小苏打粉、可可粉拌匀。
4. 最后再加入白兰地拌匀，填模。
5. 以上火 180℃／下火 170℃烤 15 ～ 20 分钟。

〈**巧克力奶油霜**〉

6. 发酵黄油加入糖粉打发，慢慢加入融化的苦甜巧克力拌匀即可。

〈**组合**〉

7. 将冷却的巧克力蛋糕体挤上巧克力奶油霜，组装成小猴子造型即可食用。

猴子杯子蛋糕

杯子蛋糕不多不少的分量，正好一个人食用的设计，带来无负担的又能满足嘴馋的小巧蛋糕，通过可爱的小猴子外形，更能吸引大人小孩的目光。

03

轻奶酪蛋糕

柔和的金黄色泽，不甜不腻的奶酪风味，入口即化的绵密口感，是广受欢迎的蛋糕界单品。

轻奶酪蛋糕

材料 Ingredients

材料	%	重量（g）
奶油奶酪	199	145
鲜奶	199	145
芝士片	34	25
发酵黄油	116	85
柠檬汁	7	5
低筋面粉	82	60
玉米粉	18	13
蛋黄	205	150
蛋白	260	190
细砂糖	158	115
塔塔粉	1	0.7

制作条件

奶酪需退冰至软化

成品份量　6英寸（15厘米）×2个

制作时间　2小时

制作流程 Procedures

1. 鲜奶加发酵黄油、芝士片一起煮到60℃后，加入退冰奶酪隔水溶解至浓稠状，加入蛋黄拌匀后，需降温到50℃，再加入过筛后的低筋面粉、玉米粉拌匀，加入5g柠檬汁拌匀后过筛。
2. 另将蛋白加入细砂糖、塔塔粉打到五六分发。
3. 将做法1、2成品拌匀。
4. 将烤模喷好烤盘油，底部铺烤焙纸，将做法3填至八分满。将模具在桌上磕20下，即可入炉隔冰块水，以上火210℃／下火0℃烤10分钟，再改以上火150℃／下火0℃烤30分钟，最后以上火150℃／下火150℃烤20分钟。
5. 出炉后将模具在桌上磕一下，静置3分钟后脱模。

1
1
1
1
1
1
1
2
3
4
4
4
4
4
5
5

04

焦糖大理石奶油磅蛋糕

材料 Ingredients

材料	%	重量（g）
焦糖酱		
细砂糖	100	150
水	6.7	10
动物性淡奶油	133	200

材料	%	重量（g）
焦糖磅蛋糕		
奶油	100	200
细砂糖	100	200
全蛋	100	200
低筋面粉	100	200
盐	1.5	3
朗姆酒	5	10
焦糖酱	50	100

成品份量　1 模
制作时间　1.5 小时

制作流程 Procedures

〈**焦糖酱**〉

1. 细砂糖加水煮到焦化。
2. 加入动物性淡奶油一起煮到糖化。
3. 冷却备用。

〈**焦糖磅蛋糕**〉

4. 先把烤模抹油，撒粉备用。
5. 奶油（退冰软化）加细砂糖、盐，打到颜色变淡且柔软蓬松后，慢慢加入全蛋拌匀。
6. 拌入低筋面粉及朗姆酒拌匀。
7. 取出 1/3 量，拌入焦糖酱拌匀，再倒回简单拌几下，形成大理石纹路。
8. 入模，以上火 160℃／下火 160℃烤 45 ～ 60 分钟。

1 2  4  5

5  5  6  6

6  7  7  8

焦糖大理石奶油磅蛋糕

磅蛋糕就如字面上的意思，也就是材料的分量都相同（一磅），做法也简单，是初学者也能立刻上手、较易成功的蛋糕。加点变化，就能做出焦糖风味的大理石纹路。

05

巧克力爆浆蛋糕

为了要达到外脆内软，呈现出爆浆的口感，制作上有一定的难度。制作完成后也要趁热品尝，才能真正享受到爆浆的滋味。

巧克力爆浆蛋糕

材料 Ingredients

材料	%	重量（g）
巧克力蛋糕		
水	113	90
细砂糖 A	38	30
沙拉油	75	60
可可粉	31	25
低筋面粉	100	80
蛋黄	125	100
蛋白	263	210
塔塔粉	1	0.8
细砂糖 B	150	120

材料	%	重量（g）
奶油馅		
克宁姆粉	40	80
鲜奶	100	200
打发动物性淡奶油	80	160
君度橙酒	5	10
香草荚		半条
装饰		
薄荷叶		20 小棵
蓝莓		20 颗
奶油馅		少量
防潮糖粉		少量

成品份量　20 杯

制作时间　30 分钟

制作流程 Procedures

〈巧克力蛋糕〉

1. 水加上沙拉油、细砂糖 A 煮到砂糖溶解。
2. 拌入过筛的可可粉及低筋面粉，拌匀。
3. 加入蛋黄拌匀。
4. 蛋白加塔塔粉打起泡，细砂糖 B 分 2 次加入打发，再与做法 3 成品拌匀，即可倒入烤模以上火 180℃ / 下火 180℃烤 10 ～ 15 分钟。

〈奶油馅〉

5. 克宁姆粉加入鲜奶、香草荚籽用搅拌器搅拌均匀。
6. 拌入打发的动物性淡奶油，加入君度橙酒搅拌至光滑即可使用。

〈装饰〉

7. 巧克力蛋糕冷却后注入奶油馅。
8. 撒上防潮糖粉，放上奶油馅、蓝莓、薄荷叶装饰。

1
1
1
2
2
3
4
4
4
4
4
5
5
6
6
7
8

06

生乳卷

材料 Ingredients

材料	%	重量（g）
蛋糕体		
蛋黄	250	150
无盐黄油	100	60
鲜奶	30	18
细砂糖 A	108	65
低筋面粉	100	60
蛋白	300	180
细砂糖 B	108	65
塔塔粉	1	0.6

材料	重量（g）
内馅	
动物性淡奶油	250
细砂糖	25

成品份量　1 卷

制作时间　1.5 小时

制作流程 Procedures

〈**蛋糕体**〉

1. 蛋黄加糖 A 搅拌一下后，加入过筛低筋面粉拌匀。
2. 黄油与塔塔粉加入鲜奶煮到 60℃，慢慢冲入做法 1 中。
3. 蛋白加糖 B 打发到七八分发，拌入做法 2 中。
4. 放入烤盘中抹平，以上火 190℃／下火 140℃烤 15 分钟。

〈**内馅**〉

5. 动物性淡奶油加细砂糖打发。

〈**组合**〉

6. 在冷却的蛋糕上抹上内馅。
7. 卷起后即可切块享用。

1

1

2

3

4

5

5

6

6

7

7

生乳卷

甜而不腻、绵密清爽的香醇口感，蛋糕部分带点空气的蓬松感，是让人会一吃就上瘾的Q弹*美食。

＊编者注：Q弹是口感劲道的意思。

07

棒棒糖蛋糕

可以让人尽情创作的缤纷可爱的外形，小巧的一口分量，是适合亲子同乐、婚礼欢庆的蛋糕。

棒棒糖蛋糕

材料 Ingredients

材料	%	重量（g）
蛋糕体		
无盐黄油	91	100
细砂糖	45	50
盐	0.9	1
全蛋	90	100
低筋面粉	100	110
泡打粉	1.8	2

材料	重量（g）
表面	
巧克力	适量
彩糖	适量

成品份量　10 颗
制作时间　1 小时

制作流程 Procedures

1. 先将烤模喷上烤盘油，撒上面粉备用。
2. 无盐黄油加入盐、细砂糖拌匀，再加入全蛋拌匀。
3. 拌入过筛低筋面粉、泡打粉。
4. 填入经做法 1 处理的烤模之中，以上火 180℃／下火 180℃烤 15 ～ 20 分钟即可。
5. 出炉后冷却，插入棒子，粘巧克力、彩糖即可。

2
2
2
3
3
4
4
5
5
5
5
5
5
5
5

08 香草舒芙蕾

材料 Ingredients

材料	%	重量(g)
蛋奶酱		
牛奶 A	100	200
发酵黄油	12.5	25
细砂糖 A	10	20
蛋黄	25	50
细砂糖 B	12.5	25
玉米粉	12.5	25
牛奶 B	25	50
香草豆荚		1/4 条
蛋白	100	200
细砂糖 C	30	60
塔塔粉	0.5	1

材料	%	重量(g)
香草酱汁		
动物性淡奶油	100	100
牛奶	75	75
蛋黄	40	40
细砂糖	40	40
香草荚		1/2 条

成品份量　6 杯
制作时间　1 小时

制作流程 Procedures

〈**事前准备**〉

先将烤模四周抹油，边边粘上细砂糖备用。

〈**蛋奶酱**〉

1. 牛奶 A、发酵黄油、细砂糖 A 一起煮沸。
2. 另将牛奶 B、蛋黄、玉米粉、细砂糖 B、香草荚籽拌匀，冲入做法 1 奶液中拌匀，回煮到浓稠。
3. 过筛后冷却备用。

4. 另将蛋白、塔塔粉打到起泡，分次加入细砂糖打到湿性发泡。
5. 将做法 4 跟冷却的做法 3 拌匀。
6. 入烤模隔水加热，以上火 230℃ / 下火 150℃烤 20 ～ 25 分钟。

〈**香草酱汁**〉

7. 将所有材料一起隔水加热到浓稠，过筛即可搭配舒芙蕾一起食用。

香草舒芙蕾

舒芙蕾源自法语 souffler，意思是“蓬松地胀起来”，正表达了它本身的特色，轻盈柔顺的口感，有如吃着梦幻的云朵。

第4章

甜点

01

覆盆子生巧克力

覆盆子有着丰富的营养价值，是女性的黄金水果，酸甜的滋味与巧克力融为一体，妖冶的风味让人无法抵抗。

主厨小叮咛

若有均质机搅拌浆液，可让巧克力内部更加均匀。

材料 *Ingredients*

材料	%	重量（g）
覆盆子果泥	71	450
动物性淡奶油	48	300
转化糖浆	2.4	15
58% 苦甜巧克力	100	630
发酵黄油	9.5	60
可可脂	4.8	30

材料	重量（g）
装饰	
防潮可可粉	适量
糖粉	适量

成品份量　50 片

制作时间　3 小时

制作流程 *Procedures*

1. 先把覆盆子果泥加入动物性淡奶油、转化糖浆混合煮沸。
2. 将其冲入苦甜巧克力，拌匀。
3. 降温到 40℃后，加入发酵黄油、可可脂拌匀。
4. 倒入方形模具中（本范例使用模具为 35 厘米 ×24 厘米）。
5. 放入冰箱冷藏一晚后，切成 3 厘米 ×3 厘米小块。
6. 表面沾上防潮可可粉（黑）或糖粉（白）即可。

02 德式奶酪布丁

材料 Ingredients

材料	%	重量（g）
饼皮		
无盐发酵黄油	56	135
细砂糖	56	135
盐	0.8	2
全蛋	27	65
杏仁粉	47	112
低筋面粉	63	150
高筋面粉	37	90
柠檬皮		半颗
柠檬汁		半颗量
表面装饰		
镜面果胶		适量

材料	%	重量（g）
蛋液		
奶油奶酪	100	150
鲜奶	166	250
细砂糖	40	60
蛋黄	27	2 颗
全蛋	50	1.5 颗
动物性淡奶油	166	250
香草荚		半条

成品份量　6 模
制作时间　5 小时

制作流程 Procedures

〈**塔皮**〉

1. 将无盐发酵黄油加盐、细砂糖拌匀。
2. 分 2 ～ 3 次加入全蛋拌匀。
3. 加入过筛的低筋面粉、高筋面粉及杏仁粉、柠檬皮、柠檬汁拌匀。
4. 将面团压扁成饼状，用保鲜膜包好，放入冰箱中冷藏 30 分钟左右，使面团呈冰硬状才好成形。
5. 将面团擀成 0.3 厘米厚，铺入烤模中。

〈**蛋液**〉

6. 将鲜奶加入细砂糖、奶油奶酪、香草荚籽放入锅中煮到糖、奶油奶酪融化。
7. 另将鲜奶油加入全蛋、蛋黄，拌匀后再冲入做法 6 拌匀。
8. 将蛋液过筛。

〈**组成**〉

9. 塔皮中倒入蛋液，用上火 200℃／下火 180℃烤 30 分钟左右，放入冰箱冷藏 3 小时。
10. 表面刷上镜面果胶。

德式奶酪布丁

酥松爽口的塔皮，夹带滑嫩香甜的奶酪布丁馅，就成了让人无法抗拒的美味，简单就可以做出的异国风味下午茶点。

03

抹茶牛轧饼

近年来相当流行的牛轧饼，变化出不同于基本款的抹茶口味，不仅带来视觉上色泽的享受，味觉上也能尝到抹茶的风味。

抹茶牛轧饼

材料 Ingredients

材料	%	重量（g）
麦芽糖	100	430
水	13	55
盐	0.9	4
蛋白霜粉	8.4	36
冷开水	8.4	36
无盐黄油	13	55
奶粉	18	77
抹茶粉	4.6	20
原味苏打饼干		100 片

成品份量	50 片
制作时间	30 分钟

制作流程 Procedures

1. 无盐黄油加热融化，加入奶粉拌匀。
2. 麦芽糖加水煮到 125℃。
3. 蛋白霜粉加冷开水用球状打蛋器打发成蛋白霜，换成扁状拌打器，再将做法 2 的糖水慢慢倒入打发的蛋白霜中，以中速拌打。
4. 将做法 1 的成品分次加入，再加入抹茶粉拌匀。
5. 放入烤焙布之中，反复揉压均匀成团，降温后即可包入苏打饼干之中。

1
1
1
1
1
1
2
3
3
3
4
5
5
5

04 珍珠糖泡芙

材料 Ingredients

材料	%	重量（g）
水	45	50
细砂糖	2.7	3
牛奶	45	50
无盐黄油	100	110
低筋面粉	100	110
全蛋	136	3 颗

材料	重量（g）
表面装饰	
全蛋液	适量
珍珠糖	适量

成品份量　50 颗

制作时间　1 小时

制作流程 Procedures

〈泡芙皮〉

1. 将鲜奶、无盐黄油、细砂糖、水倒入锅中煮沸，接着将低筋面粉过筛后倒入混合均匀。
2. 锅子继续加热，同时用长木勺不停搅拌，使锅内的油、水和面粉拌匀，直到面糊能和锅底分离的程度，即可熄火拿开锅子。
3. 再将全蛋分次加入，使用搅拌器充分搅拌均匀至滑下呈三角形光滑状。
4. 挤小圆球于烤盘上，表面刷全蛋液、撒上珍珠糖，入烤箱以上火 200℃／下火 180℃烤 12 分钟，着色后再以上火 180℃／下火 180℃烤 5 ～ 8 分钟。

＊编者注：

泡芙皮口感香酥，直接吃也很好吃。

泡芙内馅的材料，常见的有奶油香缇，由淡奶油加大概 1/10 的糖打发而成；以及卡仕达酱，也叫作吉士酱，由蛋黄和鲜奶为主，加一些糖和面粉制成。

1
1
1
2
3
3
4
4
4

珍珠糖泡芙

蓬松的酥皮外层撒上珍珠糖粒，搭配浓浓的香甜内馅，在法国曾经是皇室贵族才吃得到的高级甜点。

- 第5章 -

极制鲜奶吐司面团面包

01 极制鲜奶吐司面团

材料 Ingredients

材料	%
干性食材	
高筋面粉	100
盐	2
砂糖	10
鲜酵母	3
湿性食材	
全蛋	10
极制鲜奶	30
水	35
无盐黄油	10
合计	200

搅拌时间	L4M4 ↓ L3M3 完全阶段
面团起缸温度	26℃
基本发酵	27℃、60 分钟

制作流程 Procedures

1. 将无盐黄油放置于室温中软化，备用。
   ◎大致放置到成为膏状即可。
2. 蛋、极制鲜奶及水搅拌均匀备用。
3. 将鲜酵母以外的干性食材（面粉、盐、砂糖）放入搅拌缸。
4. 将步骤 2 倒入步骤 3 中，慢速搅拌至成团。
5. 测量搅拌缸内温度约为 19℃。
6. 添加酵母，继续搅拌。
7. 搅拌至搅拌缸内呈现周围无粘连的状态共约 4 分钟，即进入面团的“拾起阶段”。
8. 将搅拌的力道转为中速，继续运转约 4 分钟至面团有拉力的状态。
   ◎所谓有拉力，指的是面团已经有“筋”形成，不易拉断。
9. 加入步骤 1 的无盐黄油继续慢速搅拌 3 分钟，此时为“卷起阶段”。

10. 无盐黄油与面团融合后，转中速搅拌 3 分钟，搅拌均匀至呈现薄膜有光泽的面团，即为“完全阶段”的面团。

    ◎此时的面团拉扯开来后，面团光亮平滑，破洞轮廓无锯齿状。

11. 确认起缸温度为26℃，将面团放入盆中进行基本发酵，进行时间约为60分钟。

极制鲜奶吐司面团

用高级的鲜奶所制作而成的吐司，口感松软有弹性，风味香醇营养加分。

主厨小叮咛

可以挑选自己喜爱的鲜奶添加，各有独自的风味。

极制鲜奶——

大部分鲜奶都使用超高温杀菌，然而，超高温杀菌会让鲜奶产生过度烹煮味，同时破坏了生奶中对热敏感的成分。瑞穗极制鲜奶杀菌温度较一般鲜奶温和，所以对生奶生菌数控管比一般标准严格，并采用特殊陶瓷膜过滤及巴氏德杀菌（平均72℃ /15 秒），不但保有接近生奶的原味，还可保留珍贵的乳铁蛋白、免疫球蛋白。

极制方形吐司

高级感十足的切片吐司，散发着浓郁的香气，即使单纯食用也相当美味。

主厨小叮咛

方形吐司的完美烤色为三面同色，侧边有一根烟宽度的白边，是极佳的发酵状态，也是主厨判断完美吐司的标准。

极制方形吐司

材料 *Ingredients*

材料	%	重量（g）
干性食材		
高筋面粉	100	1200
盐	2	24
砂糖	10	120
鲜酵母	3	36
湿性食材		
全蛋	10	120
极制鲜奶	30	360
水	35	420
无盐黄油	10	120
合计	200	2400

成品份量	2 条 32 两
搅拌时间	L4M4 ↓ L3M3 完全阶段
面团起缸温度	26℃
基本发酵	27℃、60 分钟
翻面后发酵	-
分割重量	（240g×5 颗）×2 条
中间发酵	27℃、20 分钟
最后发酵	32℃、60 分钟（八分满）
烘烤温度	上火 200℃ 下火 230℃
烘烤时间	约 45 分钟

制作流程 *Procedures*

1 ～ 11. 极制鲜奶吐司面团步骤。

12. 将面团分为 10 颗 240g 的面团，逐颗滚圆后，进行约 20 分钟的中间发酵。

13. 第一次擀卷：将面团用擀面棍擀开后卷起呈长条状后，稍微松弛一下，约 10 ～ 15 分钟。

14. 第二次擀卷：第二次擀卷为较短的形状后，整型为圆筒状。

15. 将整形后的面团放入吐司模，5 颗面团为一条。

16. 最后发酵：等到面团发酵约 60 分钟，达到吐司模的八分满之后，带盖放入烤炉中烘烤。

17. 以上火 200℃ / 下火 230℃烘烤 45 分钟，即可出炉。

12
12
12
12
13
13
13
13
14
14
14
15
15
15
15
16
16
17

03

小飞碟

造型小巧可爱。与烤盘接触的围边酥脆有香气，也是此款面包的特色之一喔！

墨西哥馅的保存方式？

用不完的墨西哥馅可以冷藏保存，使用时必须完全退冰，比较容易挤在面团上。

材料 Ingredients

材料	%	重量（g）
干性食材		
高筋面粉	100	300
盐	2	6
砂糖	10	30
鲜酵母	3	9
湿性食材		
全蛋	10	30
极制鲜奶	30	90
水	35	105
奶油	10	30
合计	200	600

材料	重量（g）
墨西哥馅	
无盐黄油	100
糖粉（过筛）	100
全蛋	100
低筋面粉（过筛）	100

成品份量	12 个
搅拌时间	L4M4 ↓ L3M3 完全阶段
面团起缸温度	23℃
基本发酵	27℃、60 分钟
翻面后发酵	-
分割重量	50g×12 颗
中间发酵	27℃、20 分钟
最后发酵	32℃、50 分钟
烘烤温度	上火 220℃ 下火 180℃
烘烤时间	约 12 分钟

制作流程 Procedures

1～11. 极制鲜奶吐司面团步骤。

12. 将面团分为 12 颗 50g 的面团，逐颗滚圆后，进行约 20 分钟的中间发酵。

13. 整形为圆形（再度排气后滚圆），放置铁盘中，进行 50 分钟最后发酵。

14. 最后发酵后，挤上墨西哥馅，即可入炉烘烤。

15. 以上火 220℃ / 下火 180℃烘烤 12 分钟，即可出炉。

墨西哥馅制作方法

1. 无盐黄油需退冰为膏状。
2. 将无盐黄油与糖粉搅拌均匀。
3. 再一边加入全蛋（须事先退冰，防止奶油结粒）一边加入低筋面粉，搅拌均匀。

04

和风红豆面包

此款面包为这两年相当流行的店铺明星商品，一目了然的内馅拥有两种口感的组合，是相当受消费者喜爱的商品。

此款面包的特色为何？

主要呈现表皮“隐藏”红豆颗粒的感觉，一口咬下后还有红豆馅的饱足感，切记表皮不上色，而底部要烤上色，呈现和风的感觉。

材料 *Ingredients*

材料	%	重量（g）
干性食材		
高筋面粉	100	300
盐	2	6
砂糖	10	30
鲜酵母	3	9
湿性食材		
全蛋	10	30
极制鲜奶	30	90
水	35	105
无盐黄油	10	30
合计	200	600

材料	重量（g）
馅料	
红豆馅	30g×12
红豆粒馅	15g×12

成品份量	12 个
搅拌时间	L4M4 ↓ L3M3 完全阶段
面团起缸温度	26℃
基本发酵	27℃、60 分钟
翻面后发酵	-
分割重量	50g×12 颗
中间发酵	27℃、20 分钟
最后发酵	32℃、50 分钟
烘烤温度	上火 160℃ 下火 220℃
烘烤时间	约 8 分钟

制作流程 *Procedures*

1～11. 极制鲜奶吐司面团步骤。

12. 将面团分为 12 颗 50g 的面团，逐颗滚圆后，进行约 20 分钟的中间发酵。

13. 整形为包馅的圆形，面团排气后先包入 15g 的红豆粒馅，松弛 10 分钟。

14. 再将面团擀开后包入 30g 的红豆馅，放入铁盘进行约 50 分钟最后发酵。

15. 最后发酵完成后，以上火 160℃／下火 220℃烘烤 8 分钟，即可出炉。

12

13

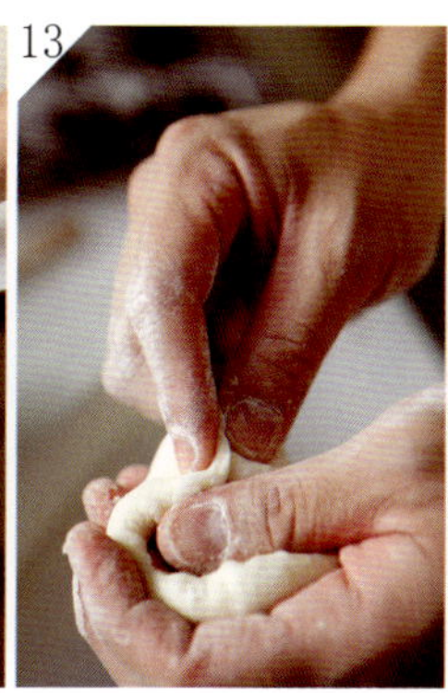

14

14

15

05

法式奶油吐司

材料 *Ingredients*

材料	%	重量（g）
干性食材		
高筋面粉	100	1200
盐	2	24
砂糖	10	120
鲜酵母	3	36
湿性食材		
全蛋	10	120
极制鲜奶	30	360
水	35	420
无盐黄油	10	120
合计	200	2400

（以上为极制方形吐司材料）

材料	重量（g）
牛奶蛋液	
蛋黄	100
砂糖	50
鲜奶	500
香草籽	半根量

材料	重量（g）
奶油糖霜	
无盐黄油	300
砂糖	300

成品份量	1 条可制作 12 份 （32 两吐司）
烘烤温度	上火 180℃ 下火 180℃
烘烤时间	约 25 分钟

此吐司注意事项

建议使用出炉后一天的吐司，水分较少，烤出来的三明治较为尖挺。

此三明治在贩卖时，有一个相当有趣的现象，台湾南部客人较北部客人喜爱此产品，曾经在台南一天贩卖约 300 条。

☞ 制作流程 *Procedures*

1. 取一条极制方形吐司，切成 12 等分的三角形。
2. 涂上牛奶蛋液，让吐司大量吸收牛奶蛋液。
3. 再均匀涂上奶油糖霜，即可以上火 180℃ / 下火 180℃烘烤 25 分钟即完成。

牛奶蛋液制作方法

1. 将香草籽取出后放入鲜奶中搅拌备用。
2. 将蛋黄与砂糖搅拌均匀。
3. 将做法 2 倒入做法 1 搅拌均匀即可。

奶油糖霜制作方法

- 将无盐黄油与砂糖搅拌均匀即可。

法式奶油吐司

浓郁的奶油香气搭配砂糖的酥脆感，
是女孩子相当喜爱的变化款吐司。

06

马斯卡彭红豆面包

红豆面包加入奶香味十足的马斯卡彭奶酪，绝对会让你的味觉飞舞起来；亦可以冷藏食用，风味独特。

马斯卡彭红豆面包

材料 *Ingredients*

材料	%	重量（g）
干性食材		
高筋面粉	100	300
盐	2	6
砂糖	10	30
鲜酵母	3	9
湿性食材		
全蛋	10	30
极制鲜奶	30	90
水	35	105
无盐黄油	10	30
合计	200	600

材料	重量（g）
馅料	
红豆馅	210
马斯卡彭奶酪	300
装饰	
柠檬皮屑	少许

成品份量	7 条
搅拌时间	L4M4 ↓ L3M3 完全阶段
面团起缸温度	26℃
基本发酵	27℃、60 分钟
翻面后发酵	-
分割重量	80g×7 颗
中间发酵	27℃、20 分钟
最后发酵	32℃、50 分钟
烘烤温度	上火 220℃ 下火 180℃
烘烤时间	约 10 分钟

为什么要先割线条再进行最后发酵？

这是为了让软式面包的表面线条明显，若是在发酵后进行割线则会让面包体变形，烤焙出来的面包就没有一定的高度。

☞ 制作流程 *Procedures*

1～11. 极制鲜奶吐司面团步骤。

12. 将面团分割为7颗80g的面团，逐颗滚圆后，进行约20分钟的中间发酵。

13. 将面团排气后，擀卷成约12厘米长条状。

14. 在表面上割线条后进入约50分钟最后发酵。

15. 最后发酵完成后，刷蛋液，以上火220℃／下火180℃烘烤10分钟，即可出炉。

16. 面包冷却后，剖开不切断。

17. 挤入红豆馅，再挤上马斯卡彭奶酪。

18. 用柠檬皮屑做点缀。

07 野餐三明治

材料 Ingredients

材料	%	重量（g）
干性食材		
高筋面粉	100	1200
盐	2	24
砂糖	10	120
鲜酵母	3	36
湿性食材		
全蛋	10	120
极制鲜奶	30	360
水	35	420
无盐黄油	10	120
合计	200	2400

（以上为极制方形吐司材料）

材料（每份）	重量（g）
底馅	
法式芥末籽酱	10
鲔鱼洋葱馅	
鲔鱼	50
美乃滋	12
洋葱（切丁）	10
黑胡椒粒	0.5

材料（每份）	重量（g）
配料	
芝士片	1片
奶酪丝	10
水煮蛋	1颗
装饰	
洋香菜	少许

成品份量	2片厚片吐司为1份
烘烤温度	上火200℃ 下火200℃
烘烤时间	约5分钟

☞ 制作流程 *Procedures*

1. 将极制鲜奶厚片吐司（1.8厘米厚）抹上法式芥末籽酱后再抹上鲔鱼洋葱馅约40 g。
2. 再放上芝士片与切片水煮蛋。
3. 放上奶酪丝约10g，再盖上一片吐司。
4. 压上铁盘烘烤，以上火200℃／下火200℃烘烤5分钟。
5. 出炉后切掉两侧的吐司边，在剖面撒上洋香菜点缀。

鲔鱼洋葱馅制作方法

- 将所有材料混合均匀即可。

野餐三明治

鲔鱼洋葱芝士有浓郁而活泼的口味，而小块造型十分适合携带。

主厨小叮咛

建议使用隔天吐司，因为水分较当天出炉的吐司来得少，较好制作三明治。

第6章

布里欧面团面包

01 布里欧面团

口感近似蛋糕的松软，在巴黎的面包店都是由甜点师来制作此类的产品，因为甜点师都拥有很棒的奶油。

材料 Ingredients

材料	%
干性食材	
高筋面粉	100
盐	1.8
鲜酵母	3
砂糖（后糖法）	10
湿性食材	
蛋黄	10
全蛋	30
鲜奶	35
无盐黄油	40
合计	229.8

搅拌时间	L8M2 ↓ L6M2 ～ 3 完全阶段
面团起缸温度	23℃
基本发酵	27℃、60 分钟

制作流程 Procedures

1. 奶油置于室温中软化，备用。
2. 除了鲜酵母外，将干性食材（面粉、盐）放入搅拌缸。
3. 将液态之材料（蛋黄、全蛋、牛奶）倒入干性食材中慢速搅拌，成团后放入鲜酵母搅拌。
4. 搅拌至搅拌缸内呈现周围无粘连的状态（共约 8 分钟），即迈入面团的“拾起阶段”。
5. 将搅拌的力道转为中速，继续运转约 2 分钟至面团有拉力的状态。
   ◎所有拉力，指的是面团已经有“筋”形成，不易拉断。
6. 加入砂糖后搅拌。
7. 加入步骤 1 的奶油继续慢速搅拌，此时为“卷起阶段”。
8. 奶油与面团融合后，转中速搅拌，搅拌均匀的面团即为“完全阶段”的面团。
   ◎此时的面团拉扯开来后，面团光亮平滑，破洞轮廓无锯齿状。
9. 确认起缸温度为 23℃，将面团放入盆中进行基本发酵，约 60 分钟。

为什么此款面团要使用后糖法？

此面团为高成分面团，添加大量的糖、蛋与奶油，口感较为蓬松，类似蛋糕。后糖法的用意为缩短搅拌时间，如此一来才方便控制面团温度，若是面团温度过高，面团在发酵的过程中较容易出油，老化较快。

02 艾许奶油埃及

材料 *Ingredients*

材料	%	重量（g）
干性食材		
高筋面粉	100	500
盐	1.8	9
鲜酵母	3	15
砂糖（后糖法）	10	50
湿性食材		
蛋黄	10	50
全蛋	30	150
鲜奶	35	175
无盐黄油	40	200
合计	229.8	1149

卡士达馅

材料 A		材料 B	
鲜奶	500	蛋黄	100
无盐黄油	25	砂糖	50
砂糖	50	低筋面粉	42

材料	重量（g）
配料	
卡士达	200
砂糖	140
艾许奶油	少许

成品份量	14 个
搅拌时间	L8M2 ↓ L6M2 ～ 3 完全阶段
面团起缸温度	23℃
基本发酵	27℃、60 分钟
翻面后发酵	-
分割重量	80g×14 个
中间发酵	27℃、20 分钟
最后发酵	27℃、50 分钟
烘烤温度	上火 220℃ 下火 180℃
烘烤时间	约 6 ～ 8 分钟

卡士达馅制作方法

1. 处理材料 A：先将鲜奶加热至约 60℃，再将黄油与砂糖放入热鲜奶中融化。
2. 处理材料 B：将蛋黄与砂糖用打蛋器先打至乳白色， 加入过筛的低筋面粉，搅拌均匀。
3. 将上述两部分混合，熬煮沸腾，至浓稠状。
4. 将做法 3 放凉冷却即可使用。

制作流程 *Procedures*

1～9. 布里欧面团步骤。

10. 将面团分割为80g每颗，共14颗，滚圆后进入约20分钟的中间发酵。

11. 面团排气后，用擀面棍擀成圆形，在表面涂上艾许奶油，进入约50分钟最后发酵。

12. 表面戳洞，挤上卡士达，再撒上砂糖。

13. 以上火220℃／下火180℃，烘烤6～8分钟。

14. 出炉后，刷上艾许奶油。

卡士达馅好吃的秘诀？

制作卡士达馅最重要一点在于，要在不损害风味与芳香的情况下，去除材料中的杂菌。材料中的牛奶煮热时，应当煮到60 ℃左右即可冲入糊料中搅拌并直到卡士达煮沸。这是因为若牛奶单独加热，牛奶中的酪蛋白会在54 ℃以上开始焦糖化，如果加热至沸腾，牛奶的美味就会分离粘连在锅子上；但如果牛奶与砂糖一起加热，牛奶就不会粘连锅底，乳蛋白也不容易分离，如此就能彻底加热至沸腾。此外加热的牛奶冲入糊料中搅拌混合的时间也要能够减到最短，搅拌至收稠并且开始沸腾起泡即可关火，配方中的奶油可以到关火后切成小丁状加入，以锅中余温轻拌至完全混合。此时外观会呈滑溜有光泽的状态，冷却时表面用薄膜密封，快速冷冻再冷藏减少水分丧失，如此就可煮出顺口好吃的卡士达了。

艾许奶油埃及

艾许奶油号称奶油界的LV，淡淡的奶油香气风靡世界，成为许多知名产品必备的食材。

*编者注："艾许"系法文 ÉCHIRÉ。ÉCHIRÉ 是法国的一个村庄的名称，仅有 3000 名居民，位于法国西部，一向以生产顶级鲜奶油及奶油而闻名国际。

03

鹦鹉糖小餐包

此面包为法国很经典的小餐包，几乎各家面包店都会有，脆糖的口感搭配柔软的餐包，很适合当作早餐。

鹦鹉糖小餐包

材料 Ingredients

材料	%	重量（g）
干性食材		
高筋面粉	100	250
盐	1.8	4.5
鲜酵母	3	7.5
砂糖（后糖法）	10	25
湿性食材		
蛋黄	10	25
全蛋	30	75
鲜奶	35	87.5
无盐黄油	40	100
合计	229.8	574.5

材料	重量（g）
配料	
鹦鹉牌珍珠糖	160
蛋液	少许

成品份量	16 个
搅拌时间	L8M2 ↓ L6M2 ～ 3 完全阶段
面团起缸温度	23℃
基本发酵	27℃、60 分钟
翻面后发酵	-
分割重量	35g×16 颗
中间发酵	27℃、20 分钟
最后发酵	27℃、50 分钟
烘烤温度	上火 220℃ 下火 180℃
烘烤时间	约 6 ～ 8 分钟

如何剪出好看的锯齿状？

剪刀一定要沾过蛋液，才不会粘住面团导致拖刀，双手以 45℃斜角平移剪 7 刀。

☞ 制作流程 *Procedures*

1 ～ 9. 布里欧面团步骤。

10. 将面团分割为 35g 每颗，共 16 颗，滚圆后进入约 20 分钟的中间发酵。

11. 面团排气，用擀面棍擀开后，整型成橄榄形（约 8 厘米）。

12. 进行约 50 分钟最后发酵，刷蛋液。

13. 用剪刀剪成锯齿状（约 7 刀），撒上珍珠糖。

14. 以上火 220℃／下火 180℃，烘烤 6 ～ 8 分钟。

04 脆皮巧克力布里欧

材料 Ingredients

材料	%	重量（g）
干性食材		
高筋面粉	100	500
盐	1.8	9
鲜酵母	3	15
砂糖（后糖法）	10	50
湿性食材		
蛋黄	10	50
全蛋	30	150
鲜奶	35	175
无盐黄油	40	200
水滴巧克力豆	25	125
合计	254.8	1274

材料	重量（g）
巧克力酥菠萝	
无盐黄油	112.5
砂糖	250
低筋面粉	250
可可粉	25
香草籽	2.5
配料	
糖粉	少许

成品份量	15 个
搅拌时间	L8M2 ↓ L6M2 ～ 3 完全阶段
面团起缸温度	23℃
基本发酵	27℃、60 分钟
翻面后发酵	-
分割重量	80g×15 颗
中间发酵	27℃、20 分钟
最后发酵	27℃、60 分钟
烘烤温度	上火 220℃ 下火 180℃
烘烤时间	约 12 ～ 15 分钟

巧克力酥菠萝做法

1. 将无盐黄油、砂糖与香草籽搅拌均匀。
2. 再倒入过筛的低筋面粉与可可粉搅拌均匀。
3. 过筛即可。

制作流程 *Procedures*

1～8. 布里欧面团步骤1～8。

9. 再放入水滴巧克力豆搅拌均匀。起缸前确认温度。

10. 放入盆中进行60分钟基本发酵，而后将面团分割为80g每颗，共15颗，滚圆后进入20分钟中间发酵。

11. 面团排气，用擀面棍擀开后放入汉堡专用铁盘。

12. 喷水后放入巧克力酥菠萝约20g。

13. 在室温进行最后发酵约60分钟，以上火220℃／下火180℃，烘烤12～15分钟。

14. 出炉后撒上糖粉。

为何不能放入发酵箱中发酵？

发酵箱中的湿气会导致表面酥菠萝结粒，让出炉的成品不理想。

脆皮巧克力布里欧

这是一款很受年轻人喜欢的面包，表皮酥脆的酥菠萝往往让人意犹未尽。

05

马卡龙恐龙蛋

龟裂的外壳与蛋壳相似，马卡龙馅的口感更添加此面包的独特性。

马卡龙恐龙蛋

材料 *Ingredients*

材料	%	重量（g）
干性食材		
高筋面粉	100	500
盐	1.8	9
鲜酵母	3	15
砂糖（后糖法）	10	50
湿性食材		
蛋黄	10	50
全蛋	30	150
鲜奶	35	175
无盐黄油	40	200
蔓越莓	10	50
合计	239.8	1199

材料	重量（g）
马卡龙馅	
蛋白	180
糖粉	150
杏仁粉	150
配料	
糖粉	少许
器材	
耐烤纸杯	13 个

成品份量	13 个
搅拌时间	L8M2 ↓ L6M2 ～ 3 完全阶段
面团起缸温度	23℃
基本发酵	27℃、60 分钟
翻面后发酵	-
分割重量	90g×13 颗
中间发酵	27℃、20 分钟
最后发酵	27℃、50 分钟
烘烤温度	上火 210℃ 下火 190℃
烘烤时间	约 10 分钟

刷马卡龙馅的注意事项

因为面团是在最后发酵状态，刷馅的时候必须轻巧，否则面团会因过度挤压而消气。

☞ 制作流程 *Procedures*

1～8. 布里欧面团步骤 1～8。

9. 加入蔓越莓干搅拌均匀，确认起缸温度，而后将面团放入盆中进行 60 分钟基本发酵。

10. 将面团分割为 90g 每颗，共 13 颗，滚圆后进入 20 分钟中间发酵。

11. 面团排气后滚圆，放入耐烤纸杯中，进行 50 分钟最后发酵。

12. 刷上马卡龙馅。

13. 撒上糖粉（两次），以上火 210℃ / 下火 190℃烘烤 10 分钟。

马卡龙馅制作方法

1. 将蛋白与过筛后的糖粉搅拌均匀，表面呈现气泡状。
2. 再拌入过筛后的杏仁粉，拌匀即可。

苹果红茶面包

材料 *Ingredients*

材料	%	重量（g）
干性食材		
高筋面粉	100	500
盐	1.8	9
鲜酵母	3	15
砂糖（后糖法）	10	50
湿性食材		
蛋黄	10	50
全蛋	30	150
鲜奶	35	175
无盐黄油	40	200
红茶粉	2	10
合计	231.8	1159

材料	重量（g）
苹果馅	
苹果丁	600
细砂糖	140
无盐黄油	60
柠檬汁	50
红茶墨西哥馅	
糖粉	250
无盐黄油	250
低筋面粉	250
全蛋	250
伯爵红茶粉	10

器材

耐烤纸杯　15 个

成品份量	15 组
搅拌时间	L8M2 ↓ L6M2 ～ 3 完全阶段
面团起缸温度	23℃
基本发酵	27℃、60 分钟
翻面后发酵	-
分割重量	25g×3×15
中间发酵	27℃、20 分钟
最后发酵	27℃、50 分钟
烘烤温度	上火 220℃ 下火 180℃
烘烤时间	约 10 ～ 12 分钟

制作流程 *Procedures*

1 ～ 8. 布里欧面团步骤 1 ～ 8。

9. 加入红茶粉搅拌均匀，而后将面团放入盆中进行 60 分钟基本发酵。

10. 将面团分割为 25g 每颗，共 45 颗，滚圆后进入 20 分钟中间发酵。

11. 每个面团排气后包入苹果馅约 10g，3 个面团一组放入耐烤纸杯中，进行 50

分钟最后发酵。

12. 挤上红茶墨西哥馅。

13. 以上火 220℃ / 下火 180℃烘烤 10 ～ 12 分钟，即完成。

苹果馅制作方法

1. 将苹果切丁后，与砂糖搅拌均匀，让苹果出水。
2. 将奶油加热后倒入，并以中火熬煮至收汁。
3. 再加入柠檬汁调味。

红茶墨西哥馅制作方法

1. 将无盐黄油退冰为膏状。
2. 将无盐黄油与糖粉搅拌均匀。
3. 再一边加入全蛋（需事先退冰，防止奶油结粒）一边加入低筋面粉，最后加入伯爵红茶粉搅拌均匀。

苹果红茶面包

吐司面包里有自制苹果馅，让每一口的风味都充满了惊喜，尾韵会有淡淡的伯爵红茶香气，令人印象深刻。

07

伯爵红茶小吐司

我很喜欢在午后煮上一杯伯爵茶，搭配一片小吐司，充满异国氛围的情调。这款吐司用到了“Kusmi”红茶粉，“Kusmi”是法国历史悠久的贵族茶。

伯爵红茶小吐司

材料 *Ingredients*

材料	%	重量(g)
干性食材		
高筋面粉	100	500
盐	1.8	9
鲜酵母	3	15
砂糖(后糖法)	10	50
湿性食材		
蛋黄	10	50
全蛋	30	150
鲜奶	35	175
无盐黄油	40	200
红茶粉	2	10
白水滴巧克力	20	100
合计	251.8	1259

材料	重量(g)
配料	
杏仁片	少许

成品份量	4个
搅拌时间	L8M2↓L6M2～3完全阶段
面团起缸温度	23℃
基本发酵	27℃、60分钟
翻面后发酵	-
分割重量	(50g×6) 约4组
中间发酵	27℃、20分钟
最后发酵	27℃、60分钟
烘烤温度	上火160℃ 下火210℃
烘烤时间	约20分钟

此面团为什么不须翻面?

翻面的用意除了整理面团温度之外，还会增加面团筋性，翻完面的面团口感较Q弹。此面团不翻面是希望它呈现接近蛋糕的口感。

☞ 制作流程 *Procedures*

1～8. 布里欧面团步骤 1～8。

9. 加入红茶粉与水滴巧克力搅拌均匀，而后将面团放入盆中进行 60 分钟基本发酵。

10. 将面团分割为 50g 每颗，共 24 颗，滚圆后进入 20 分钟中间发酵。

11. 面团再度滚圆后 6 个一组放入吐司模，进入 60 分钟最后发酵。

12. 将面团刷蛋液，撒上杏仁片与珍珠糖。

13. 以上火 160℃ / 下火 210℃烘烤约 20 分钟，即完成。

08

葡萄肉桂卷

材料 *Ingredients*

材料	%	重量（g）
干性食材		
高筋面粉	100	400
盐	1.8	7.2
鲜酵母	3	12
砂糖（后糖法）	10	40
湿性食材		
蛋黄	10	40
全蛋	30	120
鲜奶	35	140
无盐黄油	40	160
合计	229.8	919.2

材料	重量（g）
配料	
葡萄干	少许
肉桂酱	
无盐黄油	70（软化）
砂糖	140
全蛋	28
肉桂粉	4

成品份量	12 个
搅拌时间	L8M2 ↓ L6M2 ～ 3 完全阶段
面团起缸温度	23℃
基本发酵	27℃、60 分钟
翻面后发酵	-
分割重量	100g×3×3 颗
中间发酵	27℃、20 分钟
最后发酵	27℃、50 分钟
烘烤温度	上火 220℃ 下火 180℃
烘烤时间	约 12 分钟

肉桂酱制作方法

1. 将软化的黄油与砂糖稍微打发均匀。
2. 加入回温的全蛋（防止黄油结粒），搅拌均匀后再添加肉桂粉即可。

卷起时需要特别注意的事项

先将面团冷藏 20 分钟会更好操作。
涂完馅料后卷起时切记不要太紧绷，否则烤焙后中心点会异常凸起，面包底部较容易有空洞。

制作流程 *Procedures*

1 ～ 9. 布里欧面团步骤。

10. 将面团分割为 300g 每颗，共 3 颗，滚圆后进入 20 分钟中间发酵。

11. 将面团擀开涂上肉桂酱，再放上葡萄干。

12. 将面团卷起成圆筒状。

13. 切两刀后剖面向上，放在耐烤纸杯中进入 50 分钟最后发酵。

14. 刷蛋液后，以上火 220℃ / 下火 180℃烘烤约 12 分钟，即完成。

葡萄肉桂卷

这是一款很美式的面包，也是我很喜爱的产品，在欧美咖啡馆都很常见到这样的面包，值得细细品尝。

- 第 7 章 -

佛卡夏面团面包

01

佛卡夏面团

佛卡夏面团含有大量的橄榄油，口感蓬松有橄榄香气，是意大利人餐桌必备的面包。

材料 *Ingredients*

材料	%
干性食材	
高筋面粉	100
盐	2
砂糖	3
低糖干酵母	1.5
意大利香料	0.4
湿性食材	
橄榄油	20
水	53
合计	179.9

搅拌时间	L5M2 扩展阶段
面团起缸温度	26℃
基本发酵	27℃、60 分钟

佛卡夏的迷人之处

此面团有着较为粗犷的口感，即使用手揉也可以轻松制作。若是搅拌过度，口感较有韧性就失去佛卡夏的风味。

☞ 制作流程 *Procedures*

1. 除了低糖干酵母外，将干性食材（面粉、盐、砂糖、意大利香料）放入搅拌缸。
2. 将液态之材料（橄榄油、水）倒入干性食材中慢速搅拌，成团后放入低糖干酵母搅拌。
3. 搅拌至搅拌缸内呈现周围无粘连的状态（共约 5 分钟），即进入面团的“拾起阶段”。
4. 将搅拌的力道转为中速，继续运转约 2 分钟至扩展阶段。
   ◎此时的面团拉扯开来后，面团光亮平滑，破洞轮廓有些许的锯齿状。
5. 确认起缸温度为 26℃，将面团放入盆中进行约 60 分钟的基本发酵。

02 蔬菜佛卡夏

材料 *Ingredients*

材料	%	重量（g）
干性食材		
高筋面粉	100	500
盐	2	10
砂糖	3	15
低糖干酵母	1.5	7.5
意大利香料	0.4	2
湿性食材		
橄榄油	20	100
水	53	265
合计	179.9	899.5

材料	重量（g）
配料	
菠菜	300
奶酪丝	300
黑橄榄（切片）	100
绿橄榄（切片）	100
圣女番茄（剖半）	100

成品份量	9 个
搅拌时间	L5M2 扩展阶段
面团起缸温度	26℃
基本发酵	27℃、60 分钟
翻面后发酵	-
分割重量	90g ×9 颗
中间发酵	27℃、20 分钟
最后发酵	27℃、50 分钟
烘烤温度	上火 220℃ 下火 180℃
烘烤时间	约 12 分钟

如何擀圆面团?

用擀面棍将面团前后擀开后，将面团转 90°，再前后擀开，即可擀出非常圆的形状。

制作流程 *Procedures*

1～5. 佛卡夏面团步骤。

6. 将面团分割成90g每颗，共9颗，滚圆后进入20分钟中间发酵。

7. 将面团排气后，用擀面棍擀成圆形（中间要稍厚），进入50分钟最后发酵。

8. 将黑橄榄、绿橄榄与圣女番茄放置在面团上，用手指稍微往下压。

9. 再放上菠菜，撒上奶酪丝。

10. 以上火220℃／下火180℃烘烤12分钟（烤前喷蒸汽2秒）。

蔬菜佛卡夏

大量的蔬菜放在佛卡夏上面，颜色丰富，口感也具有层次感，并且适合全家人的健康。

03

秋葵佛卡夏

将料理的概念带入佛卡夏中，也别有一番滋味，可以选用当季蔬果，变化出无限可能。

秋葵佛卡夏

材料 *Ingredients*

材料	%	重量（g）
干性食材		
高筋面粉	100	300
海盐	2	6
砂糖	3	9
低糖干酵母	1.5	4.5
意大利香料	0.4	1.2
湿性食材		
橄榄油	20	60
水	53	159
合计	179.9	539.7

材料	重量（g）
白酱	
无盐黄油	70
面粉	70
水	600
牛奶	100
淡奶油	100
月桂叶	少许

材料	重量（g）
秋葵酱	
白酱	210
奶酪丝	210
秋葵（剖半）	150
黑橄榄（切片）	50
海盐	10
黑胡椒粒	10
橄榄油	少许

成品份量	7 个
搅拌时间	L5M2 扩展阶段
面团起缸温度	26℃
基本发酵	27℃、60 分钟
翻面后发酵	-
分割重量	70g ×7 颗
中间发酵	27℃、20 分钟
最后发酵	27℃、50 分钟
烘烤温度	上火 220℃ 下火 180℃
烘烤时间	约 12 分钟

白酱制作方法

1. 将奶油放入锅中加热融化后，加入面粉低温拌炒。
2. 炒至有香味时，加入水慢火煮至温和。
3. 加入牛奶慢慢熬煮至浓稠无颗粒，最后加入淡奶油及月桂叶调匀即可。

除了秋葵还可以做什么搭配呢？

我曾经试过使用熏鸡肉搭配西红柿红酱，也曾经把料理意大利面的概念用于此面包。不设限自己的味蕾勇敢尝试，会得到意想不到的效果喔！

制作流程 *Procedures*

1～5. 佛卡夏面团步骤。

6. 将面团分割成 70g 每颗，共 7 颗，滚圆后进入 20 分钟中间发酵。

7. 将面团排气后，用擀面棍擀成圆形（中间要稍厚），放入汉堡盘中进入 50 分钟最后发酵。

8. 涂上白酱，撒黑胡椒，放上秋葵、奶酪丝与黑橄榄。

9. 以上火 220℃ / 下火 180℃烘烤 12 分钟（烤前喷蒸汽 2 秒）。

10. 出炉后刷上橄榄油，撒上海盐。

04

Fougasse 松露盐面具

材料 *Ingredients*

材料	%	重量（g）
干性食材		
高筋面粉	100	300
盐	2	6
砂糖	3	9
低糖干酵母	1.5	4.5
意大利香料	0.4	1.2
茴香	0.4	1.2
黑胡椒粒	0.4	1.2
湿性食材		
橄榄油	20	60
水	53	159
合计	180.7	542.1

材料	重量（g）
配料	
松露盐	20
蒜头	50
圣女番茄（剖半）	80
黑橄榄（切片）	50
绿橄榄（切片）	50
葱段	80
洋菇（切片）	80
橄榄油	少许

成品份量	3 个
搅拌时间	L5M2 扩展阶段
面团起缸温度	26℃
基本发酵	27℃、60 分钟
翻面后发酵	-
分割重量	180g ×3 颗
中间发酵	27℃、20 分钟
最后发酵	27℃、30 分钟
烘烤温度	上火 220℃ 下火 180℃
烘烤时间	约 15 分钟

制作流程 *Procedures*

1～4. 佛卡夏面团步骤 1～4。

5. 再加入茴香与黑胡椒粒搅拌均匀。

6. 确认起缸温度为 26℃，将面团放入盆中进行约 60 分钟的基本发酵。

7. 将面团分割为每颗 180 克共 3 颗，滚圆后进入约 20 分钟的中间发酵。

8. 将面团排气，然后擀开约 30 厘米长，用小刀于中线割两刀，再斜切四刀，拉开面团呈现树叶状放上铁盘。

9. 表面涂上橄榄油，最后发酵 30 分钟。

10. 摆上蒜头、圣女番茄、黑橄榄、绿橄榄、葱段与洋菇。

11. 进炉前撒上松露盐，以上火 220℃／下火 180℃烘烤 15 分钟（烤前喷蒸汽 2 秒）。

12. 出炉后刷上橄榄油，再撒一次松露盐。

5
6
7
8
8
8
8
8
9
9
10
10
10
11
11
12
12

Fougasse 松露盐面具

Fougasse 是法文，意指面具。类似威尼斯人派对时所戴的面具一般，华丽又奢侈的搭配是此面包的特色。

最后发酵时间的长短是否影响口感？

发酵时间若增加，则面具的厚度较厚，口感较为蓬松；反之，发酵时间短，面具口感较像薄饼。可依个人喜好自行调整。

意大利香料棒

在意大利餐厅经常会摆在餐桌上的棒状面包，口感硬脆类似饼干的嚼劲，每一口都有很丰富的香料香气。

意大利香料棒

材料 *Ingredients*

材料	%	重量（g）
干性食材		
高筋面粉	100	300
盐	2	6
砂糖	3	9
低糖干酵母	1.5	4.5
意大利香料	0.4	1.2
茴香	0.4	1.2
黑胡椒粒	0.4	1.2
湿性食材		
橄榄油	20	60
水	53	159
合计	180.7	542.1

材料	重量（g）
配料	
盐之花	20
茴香	20

成品份量	10 根
搅拌时间	L5M2 扩展阶段
面团起缸温度	26℃
基本发酵	27℃、60 分钟
翻面后发酵	-
分割重量	54g×10 根
最后发酵	27℃、10 分钟
烘烤温度	上火 200℃ 下火 180℃
烘烤时间	约 15 分钟

此面包还可以有什么变化呢？

大胆地运用其他香料，例如印度咖喱粉、匈牙利红椒粉、罗勒粉或迷迭香，都可以做出香气浓郁的香料棒，just do it!

☞ 制作流程

Procedures

1 ～ 4. 佛卡夏面团步骤 1 ～ 4。

5. 再加入茴香与黑胡椒粒搅拌均匀。

6. 确认起缸温度为 26℃，将面团放入盆中进行约 60 分钟的基本发酵。

7. 基本发酵后将面团排气（保有 3 厘米厚度），再整形成大的长方形（22 厘米 ×18 厘米）。

8. 将面团切宽度 2.2 厘米长条状，拉长为约 27 厘米后剖面向上，摆上铁盘，进入 10 分钟最后发酵。

9. 撒上茴香与盐之花，以上火 200℃／下火 180℃烘烤 15 分钟（烤前喷蒸汽 2 秒）。

- 第8章 -

3 小时法国面团面包

01

3 小时法国面团

不需老面，使用直接法的长时间发酵，强烈展现出法国面粉的麦香味。

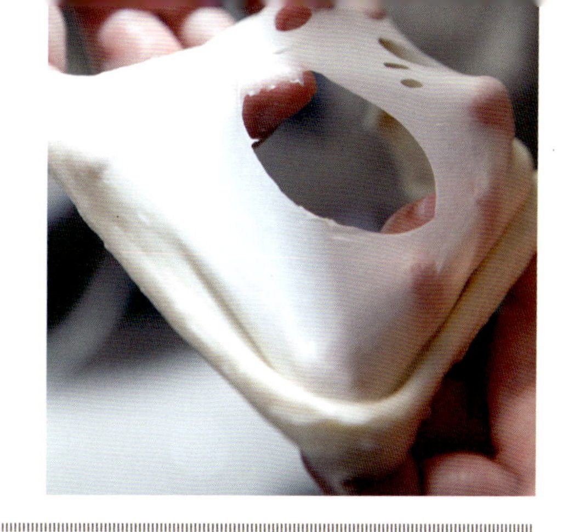

材料 Ingredients

材料	%
干性食材	
法国面粉	100
盐	2
低糖干酵母	0.4
湿性食材	
麦芽精	0.6
水	69
合计	172

搅拌时间	面粉＋麦芽精＋水 L3 静置 15 ～ 30 分钟 添加低糖干酵母 L2 添加盐 L5　M2 ～ 3
基本发酵	27℃、90 分钟

制作流程 Procedures

1. 先将水和麦芽精调匀，然后和面粉一并倒入搅拌缸中，慢速搅拌约 3 分钟，静置。

   ◎搅拌后的面团尚未具备筋性。

1

1

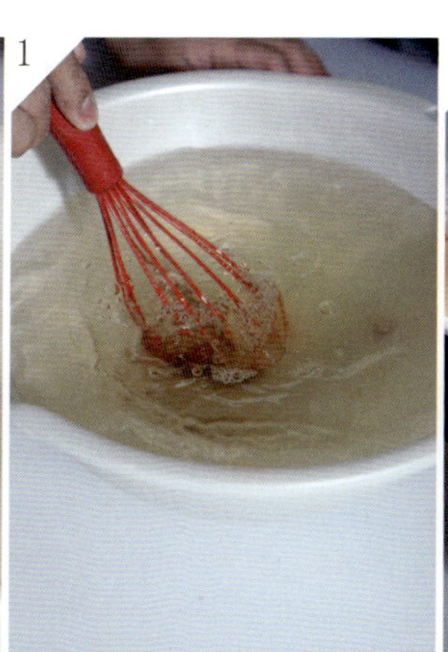

1

2. 让面团自我分解（autolyze）15～30 分钟后，撒上低糖酵母开始慢速搅拌。

3. 搅拌 2 分钟后，加入盐继续慢速搅拌 5 分钟。

4. 将搅拌机转为中速搅拌 2～3 分钟后，让面团达到扩展阶段（约九分筋）。

5. 确认起缸温度，将面团放入盆中进行约 90 分钟的基本发酵。

6. 基本发酵后进行翻面，然后再发酵 90 分钟。

1. 为什么法国面包的搅拌方式与众不同？

为了在搅拌过程中尽量保留麦香味，采取短时间内搅拌完成的自我分解法。

2. 自我分解的特色是什么？

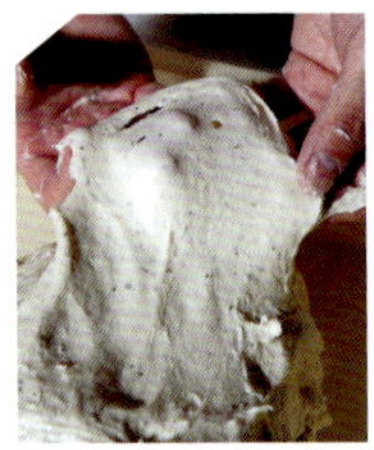

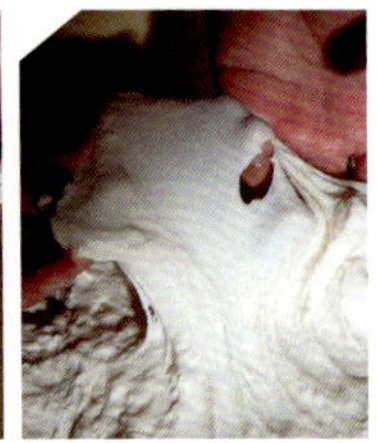

自我分解法是让面团在长时间的静置中通过水合作用发展出面筋。自我分解时间越长，越能够带出面粉的麦香味与甘甜味。这是制作法国面包的关键。

02

长棍法国面包

在电影情节当中，人手一根的长棍，即是长棍法国面包，法国政府规定长棍面包的售价不能超过两欧元，因为他们认为这样可以保证人人平等，可见此面包在法国人心目中的地位。

长棍法国面包

材料 *Ingredients*

材料	%	重量（g）
干性食材		
法国面粉	100	850
盐	2	17
低糖干酵母	0.4	3.4
湿性食材		
麦芽精	0.6	5.1
水	69	586.5
合计	172	1462

配料

裸麦粉	少许

成品份量	4 根
搅拌时间	面粉＋麦芽精＋水 L3 静置 15 ～ 30 分钟 添加低糖干酵母 L2 添加盐 L5　M2 ～ 3
基本发酵	27℃、90 分钟
翻面后发酵	27℃、90 分钟
分割重量	350g×4 颗
中间发酵	27℃、20 分钟
最后发酵	27℃、50 分钟
烘烤温度	上火 240℃ 下火 230℃
烘烤时间	约 20 分钟

长棍法国面包如何判断烤焙完成?

以食指轻敲面包底部，呈现出清脆的打鼓聲，即烤焙完成。也可以称烤焙后的面包重量，约为 280g 即可。

法国面包割纹技巧

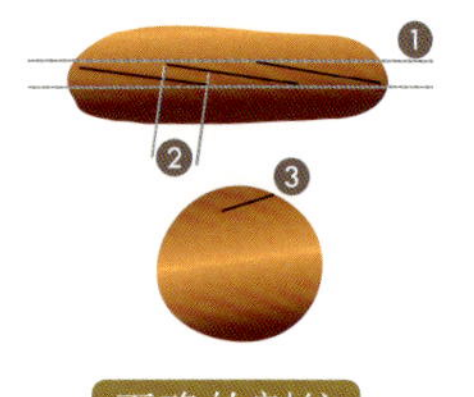

正确的割纹

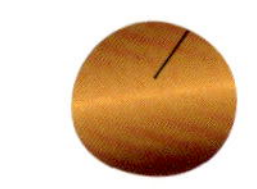

错误的割纹

1. 割纹的位置与方向与面团的中轴线接近，这样割纹可以延伸得更长，面包烤焙后体积会更大。
2. 后一刀从前一刀约 2/3 处开始。
3. 薄薄地削表皮划入割纹。

☞ 制作流程 *Procedures*

1～6. 3 小时法国面团步骤。

7. 将面团分割成 350g 每颗，共 4 颗，稍微折成长方形，方便以后长棍的整形。进行 20 分钟中间发酵。
8. 将面团排气后，由上往下折至 1/2 处，再由下往上对折，再对折，此后搓长为 50 厘米。
9. 放置帆布上，进行 50 分钟最后发酵。
10. 将面团移到入炉架，表面撒上些许裸麦粉，以 45° 的角度斜割 5 刀。
11. 以上火 240℃ / 下火 230℃烘烤 20 分钟（烤前喷蒸汽 2 秒）。

03 蘑菇法国面包

材料 *Ingredients*

材料	%	重量（g）
干性食材		
法国面粉	100	500
盐	2	10
低糖干酵母	0.4	2
湿性食材		
麦芽精	0.6	3
水	69	345
合计	172	860

配料	
橄榄油	少许

成品份量	12 个
搅拌时间	面粉＋麦芽精＋水 L3 静置 15 ～ 30 分钟 添加低糖干酵母 L2 添加盐 L5　M2 ～ 3
基本发酵	27℃、90 分钟
翻面后发酵	27℃、90 分钟
分割重量	蘑菇盖：10g×12 颗 蘑菇体：60g×12 颗
中间发酵	27℃、20 分钟
最后发酵	27℃、40 分钟
烘烤温度	上火 240℃ 下火 230℃
烘烤时间	12 分钟

制作流程 *Procedures*

1 ～ 6. 3 小时法国面团步骤。

7. 分割出 10g 与 60g 两种尺寸的面团各 12 颗，滚圆后进行 20 分钟中间发酵。
8. 将面团排气后，将 60g 的面团进行滚圆，并在表面涂上橄榄油。
9. 再将 10g 的面团裹覆大量的面粉，擀开至圆形。
10. 将 10g 面团覆盖在 60g 面团之上，并用手指戳洞至底部，然后将面团倒放于帆布上进行 40 分钟最后发酵。
11. 再将面团倒放回来，置于高温石板上，入炉，以上火 240℃／下火 230℃烘烤 12 分钟（烤前喷蒸汽 2 秒）。

法国面包为何不放在铁盘上烘烤？

在铁盘上烘烤，面包受热性较差，成品的烤焙弹性也不佳；面团若是直接接触高温石板，体积会很快膨胀，也较容易锁住水分。

蘑菇法国面包

蘑菇的造型非常讨喜，法国人通常会将面包剖开后将里面的面包组织挖空，倒入自己熬煮的浓汤即是一道非常法式的佳肴。

04

风堤
法国面包

风堤是法文Fendu的音译，法文Fendu意指双胞胎。这款面包也有人说是裂缝面包，还有位法国师傅曾给它一个漂亮的名字：天使的屁股。

风堤法国面包

材料 *Ingredients*

材料	%	重量（g）
干性食材		
法国面粉	100	500
盐	2	10
低糖干酵母	0.4	2
湿性食材		
麦芽精	0.6	3
水	69	345
合计	172	860

成品份量	10 个
搅拌时间	面粉＋麦芽精＋水 L3 静置 15 ～ 30 分钟 添加低糖干酵母 L2 添加盐 L5　M2 ～ 3
基本发酵	27℃、90 分钟
翻面后发酵	27℃、90 分钟
分割重量	80g 约 10 个
中间发酵	27℃、20 分钟
最后发酵	27℃、50 分钟
烘烤温度	上火 240℃ 下火 230℃
烘烤时间	约 12 分钟

制作流程 *Procedures*

1 ～ 6. 3 小时法国面团步骤。

7. 分割成 80g 每颗，共 10 颗，滚圆后进行 20 分钟中间发酵。
8. 将面团排气后进行滚圆，然后在表面上使用擀面棍下压，在凹陷处抹上面粉后倒放在帆布上进行 50 分钟最后发酵。
9. 烤前将面团再倒放回来，置于高温石板上，入炉，以上火 240℃ / 下火 230℃烘烤 12 分钟（烤前喷蒸汽 2 秒）。

制作此面包的注意事项

整形时用擀面棍向下压的步骤要确实，压到底之后可以上下短距离地压延，让缝隙的空间稍微大一点，出来的面包才会好看。

05 麦穗培根

材料 *Ingredients*

材料	%	重量（g）
干性食材		
法国面粉	100	500
盐	2	10
低糖干酵母	0.4	2
湿性食材		
麦芽精	0.6	3
水	69	345
合计	172	860

配料

培根	7 条
黑胡椒粒	少许

成品份量	7 个
搅拌时间	面粉＋麦芽精＋水 L3 静置 15 ～ 30 分钟 添加低糖干酵母 L2 添加盐 L5　M2 ～ 3
基本发酵	27℃、90 分钟
翻面后发酵	27℃、90 分钟
分割重量	120g ×7 个
中间发酵	27℃、20 分钟
最后发酵	27℃、50 分钟
烘烤温度	上火 240℃ 下火 230℃
烘烤时间	14 分钟

制作流程 *Procedures*

1 ～ 6. 3 小时法国面团步骤。

7. 分割成 120g 每颗，共 7 颗，滚圆后进行 20 分钟中间发酵。

8. 将面团排气后，用擀面棍擀成长条状，撒上黑胡椒粒。

9. 放入一条培根后，向下折两次至封口。

10. 放置铁盘上进行 50 分钟最后发酵后，用剪刀以 45° 角剪 2/3 的深度，左右摆放。

11. 以上火 240℃ / 下火 230℃，烘烤 14 分钟（烤前喷蒸汽 2 秒）。

此面包的注意事项

最后发酵后斜剪 45° 时，深度要够，否则烤焙时面团会往中间移动，就无法呈现麦穗的美感。

麦穗培根

培根与法国面包的组合造型如同麦穗般，食用时方便入口也适合与别人分享。

06

法式芥末籽脆肠

芥末籽的酸辣感搭配肉汁皮薄的脆肠，曾经创下单日销售300个的纪录。一款平易近人的面包。

法式芥末籽脆肠

材料 *Ingredients*

材料	%	重量（g）
干性食材		
法国面粉	100	500
盐	2	10
低糖干酵母	0.4	2
湿性食材		
麦芽精	0.6	3
水	69	345
合计	172	860

材料	重量（g）
配料	
10 厘米法兰克脆肠	14 根
法式芥末籽酱	少许

成品份量	14 个
搅拌时间	面粉＋麦芽精＋水 L3 静置 15 ～ 30 分钟 添加低糖干酵母 L2 添加盐 L5　M2 ～ 3
基本发酵	27℃、90 分钟
翻面后发酵	27℃、90 分钟
分割重量	60g ×14 个
中间发酵	27℃、20 分钟
最后发酵	27℃、50 分钟
烘烤温度	上火 240℃ 下火 230℃
烘烤时间	约 8 分钟

制作流程 *Procedures*

1 ～ 6. 3 小时法国面团步骤。

7. 分割成 60g 每颗，共 14 颗，滚圆后进行 20 分钟中间发酵。
8. 将面团排气后，抹上法式芥末籽，放上一根脆肠后封口，放置帆布上进行 50 分钟最后发酵。
9. 面团发酵完成摆置烤盘布上，表面撒粉后用剪刀剪两刀。
10. 以上火 240℃ / 下火 230℃烘烤 8 分钟（烤前喷蒸汽 2 秒）。

为什么要使用烤盘布？

脆肠在烤焙时会渗出肉汁，容易污染到烤箱，所以要放上烤盘布。

07

法国巧酥

口感硬脆，咔嗞有嚼劲。

本和香糖的特色

本和香糖是100%使用日本冲绳的蔗糖制作而成的，浅褐色的粗粒状带有独特的轻盈风味，保留天然的矿物质。

材料 *Ingredients*

材料	%	重量（g）
干性食材		
法国面粉	100	850
海盐	2	17
低糖干酵母	0.4	3.4
湿性食材		
麦芽精	0.6	5.1
水	69	586.5
合计	172	1462

（以上为长棍法国面包材料）

材料	重量（g）
长棍法国面包	3 条
配料	
无盐发酵黄油	400
日本本和香糖	300
长棍法国面包	1 条

烘烤温度	上火 150℃
	下火 150℃
烘烤时间	约 50 分钟

制作流程 *Procedures*

1. 将法国面包切块。
2. 将融化的黄油倒入切块法国面包均匀搅拌。
3. 再倒入本和香糖搅拌均匀，即可放在铁盘上准备烘烤。
4. 以上火 150℃／下火 150℃烘烤 50 分钟。

1

2

3

3

4

08

奶酪共和国

材料 *Ingredients*

材料	%	重量（g）
干性食材		
法国面粉	100	500
盐	2	10
低糖干酵母	0.4	2
海苔粉	1	5
湿性食材		
麦芽精	0.6	3
水	69	345
合计	173	865

材料	重量（g）
配料	
奶油奶酪丁	105
高达（Gouda）奶酪丁	105
马苏里拉奶酪丝	105
红切达奶酪丁	105
蓝纹奶酪（切丁）	105
帕玛森奶酪丝	105

成品份量	7 个
搅拌时间	面粉＋麦芽精＋水 L3 静置 15 ～ 30 分钟 添加低糖干酵母 L2 添加盐 L5　M2 ～ 3
基本发酵	27℃、90 分钟
翻面后发酵	27℃、90 分钟
分割重量	（20g×6）约 7 个
中间发酵	27℃、20 分钟
最后发酵	27℃、50 分钟
烘烤温度	上火 240℃ 下火 230℃
烘烤时间	约 15 分钟

制作流程 *Procedures*

1 ～ 4. 3 小时法国面团步骤 1 ～ 4。

5. 添加海苔粉搅拌均匀。而后确认起缸温度，将面团放入盆中进行约 90 分钟的基本发酵。
6. 基本发酵后进行翻面，再发酵 90 分钟。
7. 分割成 20g 每颗，共 42 颗，滚圆后进行 20 分钟中间发酵。

当初为何以奶酪为题材？

当然也可以使用其他原料当作内馅，例如放入大量的果干或坚果。我个人对于奶酪有相当的喜爱，思考着如果一款面包可以满足顾客对多种奶酪的喜好是一件很幸福的事情，所以才有研发这款面包的念头。

8. 将面团排气后，每一颗包入一种奶酪，共 6 种，将 6 颗面团组合成一个圆放置铁盘上，进行 50 分钟最后发酵。
9. 最后发酵后，在每个面团上剪两刀。
10. 以上火 240℃ / 下火 230℃烘烤 15 分钟（烤前喷蒸汽 2 秒）。

奶酪共和国

一块面包包入六种不同的奶酪，
是奶酪控无法抗拒的款式。

- 第9章 -

甜面包面团面包

甜面包面团

配方适合做任何软式产品，组织绵密有弹性，可以做相当多食材变化。

材料 *Ingredients*

材料	%
干性食材	
高筋面粉	100
盐	1
砂糖	20
奶粉	2
鲜酵母	3
湿性食材	
全蛋	10
水	53
无盐黄油	8
法国老面	20
合计	217

搅拌时间	L4M4 ↓ L3M2～3 完全阶段
面团起缸温度	26℃
基本发酵	27℃、60 分钟

这款面团可以隔夜后再使用吗？

可以将面团分割后滚圆，用塑料袋覆盖好表面（防止表皮风干）放入冷冻库保存，期限为两天，使用前将面团退冰回温至 18℃以上即可进入整形模式，所以，这是一款很适合家庭灵活运用的面团。

1　2　3　4　5　6　7

☞ 制作流程 *Procedures*

1. 黄油置于室温中软化，备用。
2. 除了鲜酵母外，将干性食材（面粉、盐、砂糖、奶粉）放入搅拌缸。
3. 将液态之材料（水、全蛋、老面）倒入干性食材中慢速搅拌，成团后放入鲜酵母搅拌。
4. 继续搅拌至搅拌缸内呈现周围无粘连的状态（共约 4 分钟），即迈入面团的“拾起阶段”。
5. 将搅拌的力道转为中速，继续运转约 4 分钟至面团有拉力的状态。
   ◎所谓有拉力，指的是面团已经有“筋”形成，不易拉断。
6. 加入步骤 1 的奶油继续慢速搅拌约 3 分钟，此时为“卷起阶段”。
7. 黄油与面团融合后，转中速搅拌 2 ～ 3 分钟，搅拌均匀呈现薄膜有光泽的面团，即为“完全阶段”的面团。
   ◎此时的面团拉扯开来后，面团光亮平滑，破洞轮廓无锯齿状。
8. 确认起缸温度，将面团放入盆中进行 60 分钟基本发酵。

02 雪山草莓夹心

材料 *Ingredients*

材料	%	重量（g）
干性食材		
高筋面粉	100	500
盐	1	5
砂糖	20	100
奶粉	2	10
鲜酵母	3	15
湿性食材		
全蛋	10	50
水	53	265
无盐黄油	8	40
法国老面	20	100
合计	217	1085

材料	重量（g）
配料	
有机草莓果酱	260
椰子丝	195

成品份量	13 个
搅拌时间	L4M4 ↓ L3M2 ～ 3 完全阶段
面团起缸温度	26℃
基本发酵	27℃、60 分钟
翻面后发酵	-
分割重量	80g×13 个
中间发酵	27℃、20 分钟
最后发酵	32℃、50 分钟
烘烤温度	上火 220℃ 下火 180℃
烘烤时间	约 8 分钟

制作流程 *Procedures*

1 ～ 8. 甜面包面团步骤。

9. 基本发酵后分割为 80g 每颗，共 13 颗，滚圆后进入 20 分钟中间发酵。

10. 将面团擀开后卷起，搓长为 45 厘米，整型成方向相反的螺旋状，放置铁盘进入 50 分钟最后发酵。

11. 面团表面刷蛋液，以上火 220℃ / 下火 180℃烘烤 8 分钟。

12. 面包出炉冷却后，将面包剖半，抹上草莓果酱后沾上椰子丝，即完成。

主厨小叮咛

可以将此款面包的果酱改为打发淡奶油，椰子丝改为花生粉，它就成为一款很传统的面包。

雪山草莓夹心

使用高级的草莓果酱，搭配香脆的椰子丝，是大家记忆中的美味面包。

03

玉米火腿小微笑

小巧精致的调理面包，很适合给小朋友当作一日的早餐。

玉米火腿小微笑

材料 *Ingredients*

材料	%	重量（g）
干性食材		
高筋面粉	100	300
盐	1	3
砂糖	20	60
奶粉	2	6
鲜酵母	3	9
湿性食材		
全蛋	10	30
水	53	159
无盐黄油	8	24
法国老面	20	60
合计	217	651

材料	重量（g）
火腿玉米馅	
火腿丁	100
玉米粒	250
美乃滋	75
配料	
奶酪丝	150
洋香菜	5
美乃滋	50

成品份量	13 个
搅拌时间	L4M4 ↓ L3M2 ～ 3 完全阶段
面团起缸温度	26℃
基本发酵	27℃、60 分钟
翻面后发酵	-
分割重量	（25g×2）13 个
中间发酵	27℃、20 分钟
最后发酵	32℃、50 分钟
烘烤温度	上火 220℃ 下火 180℃
烘烤时间	约 6 分钟

火腿玉米馅制作方法

- 将所有材料搅拌均匀即可。

本款面包的烤焙注意事项

小型的餐包烤焙时间请勿拉长，否则面包流失水分太多，老化亦太快。

☞ 制作流程 *Procedures*

1～8. 甜面包面团步骤。

9. 基本发酵后分割为25g每颗，共26颗，滚圆后进入20分钟中间发酵。

10. 将面团擀开后卷起，搓长约10厘米，将两个面团组合成一个微笑的嘴的形状，放入铁盘后进行最后发酵。

11. 面团表面刷蛋液，铺上火腿玉米馅，挤上美乃滋，再放上奶酪丝。

12. 以上火220℃／下火180℃烘烤6分钟。

13. 出炉后撒上洋香菜点缀。

04 明太子玉子烧

材料 *Ingredients*

材料	%	重量（g）
干性食材		
高筋面粉	100	300
盐	1	3
砂糖	20	60
奶粉	2	6
鲜酵母	3	9
湿性食材		
全蛋	10	30
水	53	159
无盐黄油	8	24
法国老面	20	60
合计	217	651

材料	重量（g）
配料	
水煮蛋	4颗
奶酪丝	195
番茄红酱	130
九层塔	少许
洋香菜	少许

材料	重量（g）
番茄红酱	
油	适量
番茄（切丁）	240
番茄酱	70
蒜末	20
黑胡椒粒	1
盐	1

明太鱼子酱	
明太鱼子	100
无盐黄油	100
美乃滋	70
柠檬皮碎	少许

成品份量	13个
搅拌时间	L4M4↓L3M2～3完全阶段
面团起缸温度	26℃
基本发酵	27℃、60分钟
翻面后发酵	-
分割重量	50g×13个
中间发酵	27℃、20分钟
最后发酵	32℃、50分钟
烘烤温度	上火220℃ 下火180℃
烘烤时间	约6分钟

出炉后的面包该如何保存呢？

面包出炉冷却后，建议用塑料袋包装并封口，以免面包干燥老化，如此一来第二天还是柔软有弹性。

☞ 制作流程 *Procedures*

1 ~ 8. 甜面包面团步骤。

9. 基本发酵后分割为 50g 每颗，共 13 颗，滚圆后进入 20 分钟中间发酵。

10. 将面团擀开后放上铁盘进行 50 分钟最后发酵。

11. 烤焙前涂上番茄红酱，放上两片九层塔，铺上切片水煮蛋。

12. 挤上明太子馅后，铺上奶酪丝，以上火 220℃／下火 180℃烘烤 6 分钟。

13. 出炉后撒上洋香菜点缀。

番茄红酱制作方法

1. 取锅热油，加入蒜末爆香。
2. 加入切丁番茄，用中小火稍微熬煮一下。
3. 加入番茄酱。
4. 加入黑胡椒粒与盐调味即可。

明太鱼子酱制作方法

1. 将软化的无盐黄油与美乃滋搅拌均匀。
2. 再加入明太子搅拌，最后以柠檬皮碎调味。

明太子玉子烧

一款有日式风格的小型餐包，
浓郁的明太子馅极度提味！

05

花生芝麻奶酥卷

传统的台式面包也可以有很新式的做法，使用高级的原料让面包也可以提升价值。

花生芝麻奶酥卷

材料 *Ingredients*

材料	%	重量（g）
干性食材		
高筋面粉	100	300
盐	1	3
砂糖	20	60
奶粉	2	6
鲜酵母	3	9
湿性食材		
全蛋	10	30
水	53	159
无盐黄油	8	24
法国老面	20	60
合计	217	651

材料	重量（g）
配料	
白芝麻	少许
花生奶酥馅	
无盐黄油	102
糖粉（过筛）	108.8
盐	1
花生酱	27.2
奶粉	136

成品份量	13 个
搅拌时间	L4M4 ↓ L3M2 ～ 3 完全阶段
面团起缸温度	26℃
基本发酵	27℃、60 分钟
翻面后发酵	-
分割重量	50g×13 个
中间发酵	27℃、20 分钟
最后发酵	32℃、50 分钟
烘烤温度	上火 220℃ 下火 180℃
烘烤时间	约 8 分钟

花生奶酥馅制作方法

1. 将软化的奶油与糖粉、盐混合均匀。
2. 加入花生酱、奶粉搅拌均匀即可。

主厨小叮咛

整形的时候搓长要有一定的长度，否则打的结进入发酵后会渐渐松开。

9

9

10

10

10

10

10

10

11

12

12

12

☞ 制作流程 *Procedures*

1～8. 甜面包面团步骤。

9. 基本发酵后分割为 50g 每颗，共 13 颗，滚圆后进入 20 分钟中间发酵。

10. 将面团擀开后，包入奶酥馅约 25g，再用擀面棍擀开后中间割三刀，左右卷起后打结。

11. 放上铁盘进行 50 分钟最后发酵。

12. 刷蛋液后沾白芝麻，以上火 220℃ / 下火 180℃烘烤 8 分钟。

06 青酱熏鸡

材料 Ingredients

材料	%	重量（g）
干性食材		
高筋面粉	100	300
盐	1	3
砂糖	20	60
奶粉	2	6
鲜酵母	3	9
湿性食材		
全蛋	10	30
水	53	159
无盐黄油	8	24
法国老面	20	60
合计	217	651

青酱熏鸡肉

熏鸡肉	300
青酱	20

配料

白芝麻	150
奶酪丁	100

成品份量	13 个
搅拌时间	L4M4 ↓ L3M2 ～ 3 完全阶段
面团起缸温度	26℃
基本发酵	27℃、60 分钟
翻面后发酵	-
分割重量	50g×13 个
中间发酵	27℃、20 分钟
最后发酵	32℃、50 分钟
烘烤温度	上火 220℃ 下火 180℃
烘烤时间	约 8 分钟

青酱熏鸡肉制作方法

- 将所有材料搅拌均匀即可。

制作流程 Procedures

1 ～ 8. 甜面包面团步骤。

9. 基本发酵后分割为 50g 每颗，共 13 颗，滚圆后进入 20 分钟中间发酵。

10. 将面团擀开后，包入青酱熏鸡肉后，沾水裹上白芝麻。

11. 放入长条模型中进行 50 分钟最后发酵。

12. 烤焙前剪三刀，放入奶酪丁。

13. 以上火 220℃ / 下火 180℃烘烤 8 分钟。

如果没有此模型该怎么办?

整形方式雷同，放上铁盘即可，此模型会让面包稍微方正一点，可以凸显它的独特性。

青酱熏鸡

芝麻香气带有熏鸡的嚼劲，咀嚼的时候还散发罗勒的香气。

07

卡士达小吐司

小型吐司很适合当作点心来食用。

卡士达小吐司

材料 *Ingredients*

材料	%	重量（g）
干性食材		
高筋面粉	100	300
盐	1	3
砂糖	20	60
奶粉	2	6
鲜酵母	3	9
湿性食材		
全蛋	10	30
水	53	159
无盐黄油	8	24
法国老面	20	60
合计	217	651

材料	重量（g）
配料	
卡士达	500
卡士达馅	
材料 A	
鲜奶	500
黄油	25
砂糖	50
材料 B	
蛋黄	100
砂糖	50
低筋面粉	42

成品份量	6 个
搅拌时间	L4M4 ↓ L3M2 ～ 3 完全阶段
面团起缸温度	26℃
基本发酵	27℃、60 分钟
翻面后发酵	-
分割重量	（50g×2）6 个
中间发酵	27℃、20 分钟
最后发酵	32℃、50 分钟
烘烤温度	上火 220℃ 下火 210℃
烘烤时间	约 12 分钟

卡士达馅制作方法

1. **处理材料 A：** 先将鲜奶加热至约 60℃，再将黄油与砂糖放入热鲜奶中融化。
2. **处理材料 B：** 将蛋黄与砂糖用打蛋器先打至乳白色， 加入过筛的低筋面粉后，搅拌均匀。
3. 将加热过的材料 A 加入材料 B，进行熬煮，煮至浓稠状即可。
4. 放置冷却备用。

制作流程 *Procedures*

1～8. 甜面包面团步骤。

9. 基本发酵后分割为50g每颗，共12颗，滚圆后进入20分钟中间发酵。

10. 将面团擀开后，包入卡士达酱约25 g，两个一组放入吐司模，进行50分钟最后发酵。

11. 最后发酵后，在面团表面挤上螺旋纹的卡士达，以上火220℃／下火210℃烘烤12分钟。

主厨小叮咛

出炉前要注意吐司的侧边一定要上色，否则出炉后会有缩腰的现象。

图书在版编目（CIP）数据

主厨手感烘焙 / 杜佳颖，吴克己著 . —福州：福建科学技术出版社，2017. 10
ISBN 978-7-5335-5403-3

Ⅰ . ①主… Ⅱ . ①杜… ②吴… Ⅲ . ①烘焙 - 糕点加工 - 图解 Ⅳ . ① TS213.2-64

中国版本图书馆 CIP 数据核字（2017）第 196765 号

书　　名	**主厨手感烘焙**
著　　者	杜佳颖　吴克己
出版发行	海峡出版发行集团 福建科学技术出版社
社　　址	福州市东水路76号（邮编350001）
网　　址	www.fjstp.com
经　　销	福建新华发行（集团）有限责任公司
印　　刷	福建彩色印刷有限公司
开　　本	787毫米×1092毫米　1/16
印　　张	12
图　　文	192码
版　　次	2017年10月第1版
印　　次	2017年10月第1次印刷
书　　号	ISBN 978-7-5335-5403-3
定　　价	56.00元

书中如有印装质量问题，可直接向本社调换